Wolfgang Hein

Mathematik im Altertum

Wolfgang Hein

Mathematik im Altertum

Von Algebra bis Zinseszins

Die Deutsche Nationalbibliothek verzeichnet diese Publikation
in der Deutschen Nationalbibliografie;
detaillierte bibliografische Daten sind im Internet über
http://dnb.d-nb.de abrufbar.

© 2012 by WBG (Wissenschaftliche Buchgesellschaft), Darmstadt
Die Herausgabe des Werkes wurde durch
die Vereinsmitglieder der WBG ermöglicht.
Satz: PTP-Berlin Protago-T$_E$X-Production GmbH, www.ptp-berlin.de
Gedruckt auf säurefreiem und alterungsbeständigem Papier
Printed in Germany

Besuchen Sie uns im Internet: www.wbg-wissenverbindet.de

ISBN 978-3-534-24824-7

Elektronisch sind folgende Ausgaben erhältlich:
eBook (PDF): 978-3-534-72570-0
eBook (epub): 978-3-534-72571-7

Vorwort

Mathematik, wie wir sie heute kennen und in nahezu allen Lebensberei-
chen bewusst oder unbewusst anwenden, hat ihre Wurzeln im antiken
Griechenland. Diese unbestreitbare Tatsache bedeutet aber keineswegs,
dass griechische Mathematiker das imposante Gebäude ihrer Mathematik sozusagen aus dem Nichts heraus geschaffen hätten. Wir wissen, dass
die Griechen auf verschiedenen Wegen und auf verschiedenen Gebieten
des Geisteslebens Anregungen im Orient gesucht und gefunden haben.
Dass dies auch für die Mathematik gilt, wurde eindrucksvoll bestätigt
durch archäologische Funde, die im 19. und dem frühen 20. Jahrhundert
im Vorderen Orient und in Ägypten gemacht wurden und überwiegend
aus dem beginnenden 2. Jahrtausend v. Chr. stammen.

Weniger gut, doch nicht aussichtslos, ist die Quellenlage zur alten,
aber wesentlich jüngeren indischen und chinesischen Mathematik. Die
Sache wird dadurch erschwert, dass über das Alter der Quellen weitgehend Unklarheit besteht, jedoch dürften sie kaum weiter zurückreichen
als bis in die Anfänge der griechischen Antike. Es ist daher nicht ver-
wunderlich, dass man nicht selten auf Parallelen stößt, die Verbindungen
mit dem Vorderen Orient und mit Griechenland nahe legen.

In Teil I dieses Buches wird versucht, ein Bild davon zu vermitteln,
welches die allgemein- und geistesgeschichtlichen Voraussetzungen und
Grundlagen für die Mathematik in den frühen Hochkulturen waren: von
wem und zu welchem Zweck Mathematik „gemacht" wurde, wie die
verschiedenen Kulturen gleiche oder ähnliche Probleme gesehen, bearbeitet und – vielleicht – gelöst haben, und unter welchen Bedingungen
ähnliche oder ganz verschiedene Strategien entwickelt wurden. Für die
frühen Hochkulturen schien eine thematische Gliederung besser geeignet als eine nach Regionen und Zeiten.

Mit Thales und den frühen Pythagoreern begann ein Paradigmen-
wechsel, wie man ihn sich drastischer kaum vorstellen kann. Deshalb
schien es nötig, die griechische Mathematik getrennt von den Themen-
bereichen der frühen Hochkulturen zu behandeln, was in Teil II ge-

schieht. Das ändert aber nichts daran, dass sich hier die gleichen oder jedenfalls ähnliche Fragen stellen, wenn auch unter sehr verschiedenen Bedingungen: Was waren die historischen, geistesgeschichtlichen Voraussetzungen, welches waren die Einflüsse, woher kamen die Inspirationen, was ist eigentlich das typisch Griechische an der griechischen Mathematik? Das kann selbstverständlich nicht ohne Bezugnahme auf die Errungenschaften der alten Hochkulturen erhellt werden.

Wir geben deshalb in der Einleitung einen kurzen Abriss dessen, was über die schriftlose Zeit mit einiger Gewissheit gesagt werden kann; wirklich sichere Auskünfte sind hier kaum möglich. Was Karl Jaspers für die Philosophie hervorhebt, gilt ebenso für die Mathematik:

„Der eigenständige Ursprung der Philosophie ist gleichsam geborgen in einem Anderen, aus dem er sich nährt oder dem er sich entgegenstellt." [Jaspers, S. 8]

Bei dem Umfang des Buches konnte das Vorhaben selbstverständlich nur unter wesentlichen Einschränkungen bei der Stoffauswahl ausgeführt werden. Dennoch wurde versucht, die oben angedeuteten Kriterien wenigstens durch eine möglichst charakteristische Auswahl zu erfüllen.

Siegen, im Frühjahr 2012   Wolfgang Hein

Inhaltsverzeichnis

Einleitung – Zahlen und Figuren
in der Vorgeschichte

Die Schaffung eines Zahlsystems, in dem Zahlen beliebiger Größe leicht überschaubar und praktisch handhabbar dargestellt werden können, ist eine der großen geistigen und sozialen Leistungen des Menschen. Die ältesten uns bekannten schriftlichen Quellen zur Mathematikgeschichte zeigen, dass die Arithmetik (Aufbau des Zahlensystems und der Grundrechenarten) ebenso wie die Geometrie am Beginn der geschichtlichen Zeit schon ein beträchtliches Niveau erreicht hatte. Es muss demnach in vorgeschichtlicher Zeit eine lange Phase mathematischer Tätigkeit gegeben haben.

Bei der Herausbildung eines Zahlbegriffs kann man zwei Phasen unterscheiden: das Vergleichen von Mengen hinsichtlich der *Anzahl* ihrer Elemente (heute reden wir von der „Kardinalzahl") und das „geordnete" *Abzählen* (die Ordinalzahl).

Das Bewusstsein eines Kardinalzahlbegriffs als Mächtigkeit endlicher Mengen, zuerst kleiner, dann größerer, wird wohl so alt sein wie die Menschheit selbst. In der Anthropologie ist bekannt, dass es einfache Kulturen gibt, in denen Hirten intuitiv erkennen, ob bei ihrer Herde von einigen hundert Tieren eines oder mehrere fehlen, ohne dass sie die Herde abzählen könnten.

Ein erheblicher Abstraktionsschritt besteht darin, dass man eine gegebene Menge mit einer anderen gleichmächtigen, selbst geschaffenen, leichter überschaubaren Hilfsmenge bewusst in Beziehung setzt.

Eine solche gliedweise Zuordnung (ohne wirklich zu zählen) bietet allerdings nur dann Vorteile, wenn die Hilfsmengen in irgendeiner Weise strukturiert sind oder strukturiert werden. Eine sinnvolle, leicht überschaubare Strukturierung ist ein wichtiger Fortschritt in der Entwicklung des Zahlbegriffs. Sie besteht in einem frühen Stadium in der Regel darin, dass Strichlisten in Form von Kerben auf Hölzern, Knochen oder ähnlichem Material angelegt werden und dabei kleinere, auf einen Blick fassbare Gruppen gebildet und als neue Einheiten aufgereiht werden.

Steinzeitliche Knochenfunde bestätigen diese Praxis des „Bündelns" und „Reihens". Auf einem etwa 30000 (?) Jahre alten Wolfsknochen erkennt man 55 Kerben (vielleicht als Beuteangabe) mit einer größeren Kerbe bei 25, und eine genauerer Untersuchung des Fundstücks hat Hinweise auf eine 5er-Einteilung ergeben.

Weitere Knochenfunde stammen meist aus der ausgehenden Altsteinzeit oder der mittleren Steinzeit (ca. 10000–5000 v. Chr.). Auch hier finden sich Gruppierungen der Kerben, ein eindeutiges System lässt sich aber nicht erkennen.

Bemerkenswert ist, dass die meisten Völker Bündelungen bei 10 (Zehnerpotenzen) vorgenommen, also ein Zehnersystem eingeführt haben. Dies mag wohl auf die natürlich vorgegebene Struktur des Fingerzählens zurückzuführen sein. Untersuchungen von 387 Zahlensystemen bei primitiven amerikanischen Gesellschaften haben 146 Zehnersysteme, 106 Fünfersysteme, 81 Zweiersysteme, 35 Zwanzigersysteme, 15 Vierersysteme, 3 Dreiersysteme und 1 Achtersystem ergeben.

Auf dem bisher skizzierten Niveau der Herausbildung eines Zahlbegriffes benötigt man weder sprachliche Ausdrucksformen, also Zahlwörter, noch braucht man überhaupt zählen zu können; auch Zahlzeichen werden nicht benötigt.

Anders verhält es sich mit der „Ordinalzahl". Das Zählen (genauer: Abzählen) setzt das Vorhandensein von Zahlwörtern voraus, ist also an die Sprache gebunden.

Das von gezählten Gegenständen unabhängige Zahlwort ist eine vergleichsweise späte Entwicklungsstufe. Zuerst wurden Ausdrücke für Viel und Wenig, für Ein-Zahl und Mehr-Zahl durch Abwandlung des Substantivs geschaffen (wie das heute noch als Singular und Plural existiert). Für alle frühen Entwicklungsstufen ist charakteristisch, dass an einer bestimmten Stelle N das Weiterzählen abgebrochen wird und die folgenden Zahlen einheitlich durch einen Wert im Sinne von „viele" bezeichnet werden. Beispiele für N = 2 gibt uns das Ägyptische am Ende des 4. Jahrtausends v. Chr. (Abb. 1).

Ein weiterer Fortschritt besteht darin, aus Zahlwörtern für eins und zwei durch einfaches Nebeneinanderstellen neue Zahlwörter zu bilden. Eine Gesellschaft in Ozeanien hat die Zahlwörter urapun = 1 sowie okasa = 2 und bildet daraus neue in der Form okasa urapun = 3 (= 2 + 1), okasa okasa = 4 (= 2 + 2), okasa okasa urapun = 5 (= 2 + 2 + 1).

Dass ein perfektes Zahlsystem nicht an die Schrift gebunden ist, belegt eindrucksvoll das folgende Beispiel. Im peruanischen Hochland

Abb. 1: Bilderschrift im alten Ägypten (4. Jahrtausend v. Chr.). Links: Drei Wellen = Wasser, Mitte: Himmel mit drei Wasserkrügen = Wasserflut, rechts: Auge mit drei Tränen = weinen (nach [Menninger Bd. I., S. 28]).

haben die Inka eine technisch und ökonomisch hochentwickelte, aber dennoch schriftlose Kultur begründet. Für Zwecke der Kommunikation und des wirtschaftlichen Austausches hat man als Ersatz eine Notation erfunden, die darauf beruhte, auf Schnüren Knoten anzubringen. Diese sogenannten „Quipus" waren ein brauchbares Hilfsmittel zur Darstellung – und zur Übermittlung – von Zahlen (Abb. 2).

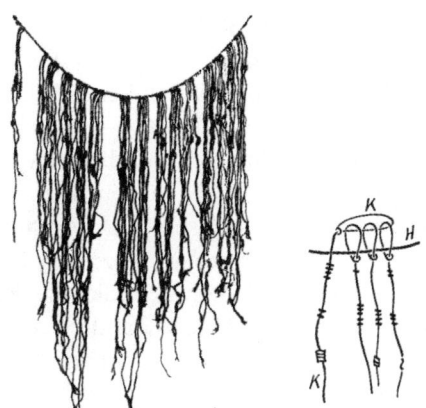

Abb. 2: Peruanischer Quipu. Rechts: Prinzip der Zahldarstellung. Die Hunderter sind oben, darunter die Zehner, darunter die Einer geknotet. Die Schnüre (von rechts nach links) tragen die Zahlen 231, 42, 150, die „Kopfschnur" K trägt die Summe 423 [Menninger Bd. II, S. 60 f.].

Zum wirklichen, zum bewussten Rechnen, das heißt zum Rechnen nach einem festen Schema, einem „Algorithmus", ist gewiss ein weiter Weg. Da die Hochkulturen beim Eintritt in die geschichtliche Zeit diese „algorithmische Phase" bereits erreicht haben, muss dem eine lange, „präalgorithmische Phase" vorausgegangen sein.

Die Darstellung von Zahlen durch Kerben, Steinhäufchen oder ähnlichem führt in natürlicher Weise zu den Grundoperationen des Addierens und Subtrahierens, was ja nichts anderes bedeutet als „hinzufügen" und „wegnehmen".

Wenn Zahlwörter für höhere Zahlen additiv gebildet werden, zum Beispiel 3 als 2 + 1 statt 1 + 1 + 1 (wie in obigem Beispiel einer ozeanischen Kultur), so liegt hier ein eindeutiger Hinweis auf einen gezielten Umgang mit der Addition vor. Zur Subtraktion ist es nur ein kleiner Schritt, wenn 14 als 15 − 1 oder 30 als 40 − 10 gebildet wird. Ähnliches finden wir für die Multiplikation, beispielsweise bei $20 = 2 \cdot 10$ oder $50 = 2 \cdot 20 + 10$.

Schwieriger und vielfältiger in der Ausführung sind Divisionen. Wir werden das in den betreffenden Kapiteln im Einzelnen behandeln, einschließlich der Bruchrechnung, die im Allgemeinen eine eigene Entwicklung gemacht hat.

Von den bis hierher gestreiften Entwicklungsstufen hin zu einem abstrakten Zahlsystem, in dem beliebig große Zahlen dargestellt werden können, und das für ein algorithmisches Rechnen geeignet ist, bleibt noch ein weiter Weg zurückzulegen, und die Quellen aus der folgenden Zeit zeigen, dass man beim Eintritt in die geschichtliche Zeit noch keineswegs am Ziel angelangt war.

Wie verhält es sich mit der anderen Säule der Mathematik, der Geometrie? Ihre Anfänge wurden von den Griechen den alten Ägyptern zugeschrieben, von Herodot den Landvermessern, von Aristoteles der Muße der Priester. Beide haben zweifellos das Alter der Geometrie unterschätzt. Die Menschen der Steinzeit hatten sicher keinen Bedarf an Grundstücksvermessungen und vermutlich wenig Grund zur Langeweile. Dennoch finden wir einen ausgeprägten Sinn für geometrische Figuren, der eine Voraussetzung jeder geometrischen Wissenschaft ist.

Die reichen Ornamente auf keramischen Erzeugnissen und auf Web- und Flechtwaren einfacher Kulturen geben ein beredtes Zeugnis vom Bestreben der Menschen, ihre Werke nicht nur nach zufälligen Eingebungen zu gestalten, sondern nach Gesetzen der Regelmäßigkeit, Symmetrie und Kongruenz − alles wichtige Merkmale der Geometrie. Gleichseitiges Dreieck, Quadrat, Kreis und aus diesen regelmäßig zusammengesetzte Figuren machen manche geometrischen Sachverhalte unmittelbar einsichtig.

Sowohl ästhetische Aspekte als auch praktische Erwägungen der Haltbarkeit und des Materialverbrauchs, des Konstruierens und Messens können als Vorbereitung auf geometrische Studien angesehen werden. Es soll hier nicht behauptet werden, dass steinzeitliche Menschen sich

Abb. 3: Prähistorische indianische Webware (links) und neolithische Keramik aus Ungarn (rechts), Beispiele geometrischer Intuition.

solche oder ähnliche Sachverhalte bewusst gemacht hätten, aber ein allmähliches Bewusstwerden von geometrischen Gesetzmäßigkeiten durch geometrische Betätigung darf man auf Grund der Fundstücke und der Hinweise auf die Lebensumstände ihrer Schöpfer wohl annehmen.

Teil I

Die Mathematik in den alten Hochkulturen

1. Wozu Mathematik?

1.1 Geschichtliche Grundlagen

Mathematik ist wie jede Wissenschaft Teil des kulturellen Schaffens der Menschen und deshalb Teil der allgemeinen geschichtlichen Entwicklung. Man kann Mathematik, ihre Wege und Umwege, Erfolge und Misserfolge, nicht begreifen, ohne die Anregungen zu kennen, die sie aus anderen Bereichen der Kultur erhalten hat und ohne die Wirkungen zu studieren, die von ihr ausgegangen sind. Wir werden deshalb in diesem Abschnitt in Kürze und zum Teil stichwortartig einige grundlegende Fakten aus der Geschichte der frühen Hochkulturen entfalten und einen ersten Blick auf die mathematikhistorisch relevanten Quellen und Entwicklungen werfen. Selbstverständlich kann es sich dabei nur um einen groben Abriss handeln, der in den einzelnen Kapiteln nach Bedarf ergänzt wird. Die Geschichte der griechischen Antike wird zunächst ausgeklammert und in Teil II behandelt.

Der überwiegende Teil mathematischer Quellen der frühen Hochkulturen stammt aus Mesopotamien. Wir beginnen deshalb hier, im „Land zwischen den Flüssen", unseren historischen Abriss.

Am Unterlauf von Euphrat und Tigris (im heutigen Irak) siedelten die Sumerer in den fruchtbaren Flussniederungen und organisierten sich in Stadtstaaten. Zu den politisch einflussreichsten Zentren der sumerischen Frühzeit gehörten um die Mitte des 4. Jahrtausends v. Chr. die Städte Uruk und Ur. Aus dem Gebiet von Uruk stammen die ältesten schriftlichen Zeugnisse unserer Geschichte.

Die Schrift, die hier etwas früher als in Ägypten erfunden wurde, wandelte sich von einer anfangs reinen Bilderschrift, die man ohne Kenntnis der Sprache verstehen kann, zur Keilschrift (Abb. 4).

Die Schriftzeichen wurden mit einem Griffel in weiche Tontafeln gedrückt, die an der Sonne getrocknet wurden. Der dreieckige Querschnitt des Griffels bewirkte, dass beim Eindrücken in den weichen Ton eine keilförmige Kerbe oder eine Art Winkelhaken (s. Abb. 4) erzeugt wurde, je nachdem ob der Griffel in flacher oder steiler Haltung eingesetzt wurde. Aus diesen beiden Elementen, dem Keil und dem Winkelhaken,

Abb. 4:   Zur Entwicklung der Schrift. Von links nach rechts: Archaische Form der
          Bilderschrift; entsprechende Formen nach der Drehung der Schreibrich-
          tung (oder der Tafel); sumerische Keilschrift; assyrische Keilschrift;
          Wortbedeutung.

wurde die ganze Schrift aufgebaut (daher der heute gebräuchliche Name
„Keilschrift"), einschließlich der Zahlzeichen. Auf das derart verzifferte
Zahlsystem gehen wir im nächsten Abschnitt ein.

Als Erfinder der Schrift gelten die Verwalter der großen Tempel, da
Schrift und Rechentechniken zuerst und über Jahrhunderte hinweg ausschließlich im Dienst der Tempelverwaltung standen.

Um 2500 v. Chr. bildeten sich aus der Priesterschaft spezialisierte
Schreiberschulen heraus. Neben den ersten literarischen Texten wurden
aus diesem Umfeld Sammlungen mathematischer Aufgaben ohne direkten Anwendungsbezug gefunden, die offensichtlich für Unterrichtszwe-
cke zusammengestellt worden waren.

Gegen die sumerischen Herrscher erhob sich das Reich von Akkad.
Sargon I. (ca. 2250–2200 v. Chr.), „Herrscher der vier Weltteile", begründete den ersten zentralisierten Großstaat mit der Hauptstadt Akkad.
Die schriftlosen Akkader übernahmen die sumerische Keilschrift und
passten sie ihrer Sprache an.

Doch dieses Reich hatte, wie alle nachfolgenden, keinen langen Bestand. Nach Sargons Tod verfiel das Reich durch Spannungen im Innern
und durch Einfälle von Nachbarvölkern aus den östlichen Bergregionen.

Nach einer Übergangszeit, in der die Macht wieder an einzelne
Städte fiel, gelangte das Reich von Sumer und Akkad um 2000 v. Chr.
für etwa hundert Jahre zu einer letzten Blüte. Neben dem Akkadischen
als Verkehrssprache blieb das Sumerische als Kultsprache erhalten. Die
Herrschaft wurde von einer hochentwickelten Tempel- und Staatswirt-
schaft getragen, das Sumerertum erlebte eine letzte politische und kulturelle Blüte.

In der Folge fanden mehrere Staatenbildungen statt, unter denen Babylon („Babili" = Gottespforte) hervorragte. Bedeutendster Herrscher dieses sogenannten Altbabylonischen Reiches war Hammurapi, 1792 bis 1750 v. Chr. „König von Sumer und Akkad". Von der Fürsorge Hammurapis für Leben und Eigentum seiner Untertanen zeugen die Reformgesetze des „Codex Hammurapi". Hauptwerk der alten mesopotamischen Literatur in babylonischer Gestaltung ist das Gilgamesch-Epos. Monumentale mit Reliefs geschmückte und in Reihen aufgestellte Steinplatten prägten die künstlerischen Ausdrucksformen. Der berühmte Palast von Mari am Oberlauf des Euphrat wurde vollendet, aus seinem Archiv sind an die 20000 Tontafeln auf uns gekommen.

In dieser Zeit des altbabylonischen Reiches erlebte die Mathematik ihre höchste Blüte; die wichtigsten mathematischen Keilschrifttexte stammen aus dieser Zeit. Heute sind wir im Besitz von mehreren hundert Tabellentext-Tafeln und rund hundert Tafeln mit mathematischen Problemtexten. Aus den folgenden Jahrhunderten gibt es nur noch vereinzelte mathematische Texte, der letzte aus der Zeit um 75 n. Chr.

Etwa gleichzeitig mit dem Beginn der sumerischen Besiedlung des südlichen Zweistromlandes bildet sich die ägyptische Hochkultur im Niltal heraus. Der Nil war Ägyptens Lebensader. Das Land umfasste zwar weit mehr als nur das Niltal, jedoch waren die Wüstengebiete nicht besiedelt. Die Wüsten und die anderen natürlichen Grenzen stellten einen ausgezeichneten (wenngleich, wie die spätere Geschichte zeigt, nicht absoluten) Schutz gegen Eindringlinge dar. Das hat zu der seltenen Statik und konservativen Haltung geführt, die auch auf dem Gebiet der Mathematik so offensichtlich ist.

Die schöpferischste Phase im alten Ägypten ist die frühdynastische Periode, die mit Menes, König von Oberägypten, um 3100 v. Chr. beginnt und bis etwa 2700 v. Chr. dauert. Menes unterwarf Unterägypten und errichtete eine neue Hauptstadt, das spätere Memphis. Viele Grundformen der ägyptischen Kultur, wie sie in den nächsten drei Jahrtausenden vorherrschten, entstanden bereits jetzt. Die Fertigkeiten in Handwerk, Kunst und Technik entfalteten sich rasch. Die Lebensbedingungen verbesserten sich, was zu einem schnellen Bevölkerungswachstum führte.

Um diese Zeit kam bereits die Hieroglyphenschrift (gr. hieros = heilig, glyphe = Skulptur) einschließlich der Zahlzeichen in Gebrauch. Sie entwickelte sich aus den abstrakten Malereien der Mittel- und Jungsteinzeit. Während die Keilschrift in Mesopotamien eine Gebrauchsschrift war, wurde die Hieroglyphenschrift ausschließlich für Inschriften auf Kunstwerken, Monumenten und ähnlichem verwandt. Für den Gebrauch zum Schreiben auf Papyrus entstand eine Kursivschrift, die sogenannte hieratische Schrift (gr. hieratikos = priesterlich); sie war der hieroglyphischen Schrift nachgebildet, ähnelte aber eher einer Schreibschrift. Auch die mathematischen Texte sind in hieratischer Schrift verfasst.

Mit dem Beginn des Alten Reiches um 2700 v. Chr., das etwa 500 Jahre Bestand hatte, waren bereits die nötigen Fertigkeiten und Arbeitskräfte vorhanden, um die berühmte Stufenpyramide von Sakkara für König Djoser zu bauen, das erste ganz aus behauenem Stein errichtete Monument Ägyptens. Die Stufenpyramiden wurden zu geometrisch reinen Pyramiden weiterentwickelt. Markanteste Beispiele dafür sind die große Cheops- und die Chephren-Pyramide von Giseh. Im ausgehenden Alten Reich (bis etwa 2200 v. Chr.) schmückten Könige und Würdenträger ihre Tempel und Gräber weiterhin mit Reliefs und Statuen, deren künstlerische Qualität nie übertroffen wurde. Politisch war es eine Epoche des Niedergangs, die im Zusammenbruch der Zentralregierung gipfelte.

In der Ersten Zwischenzeit, etwa von 2200 bis 2000 v. Chr., lag die tatsächliche Macht bei den Gaufürsten. Die nationale Einheit wurde schließlich von den Gaufürsten von Theben wiederhergestellt. Eine starke Zentralregierung mit der neuen Hauptstadt Theben schaffte die Grundlagen für eine neue wirtschaftliche und kulturelle Blütezeit.

Im Mittleren Reich von etwa 2000 bis 1800 v. Chr., wurde das Land in großem Umfang urbar gemacht und bewässert; vermutlich sollte damit einer Wiederholung der Hungersnöte, wie sie seit dem Ende des Alten Reiches öfters herrschten, vorgebeugt werden. Eine Blüte erlebten Kunst und Literatur.

Aus dieser Zeit stammen, mit einer Ausnahme, alle bedeutenden schriftlichen Quellen zur Mathematik. Unter diesen ist der Papyrus Rhind von größter Bedeutung, benannt nach dem Engländer A. Henry Rhind, der die Rolle 1858 in Ägypten gekauft und dem Britischen Museum überlassen hat, wo sie seitdem aufbewahrt wird. Wichtig sind ferner der Moskauer Papyrus, heute im Puschkin-Museum, Moskau, und eine Lederrolle im Britischen Museum. Weniger bedeutend sind zwei Holztafeln, die um 2000 v. Chr. entstanden sind und jetzt in Kairo aufbewahrt werden, ferner ein Papyrus aus Kahun, jetzt in London, und der sogenannte Berliner Papyrus aus Theben.

Wie bereits in der Einleitung vermerkt, zeigen diese Quellen, ebenso wie die altbabylonischen, die Mathematik bereits auf ihrem höchsten

Entwicklungsstand, mit dem wir uns in Kapitel 2 eingehend beschäftigen werden.

Nicht viel später als zur Zeit der Besiedlung des Zweistromlandes und des Niltales hat sich eine indische Hochkultur im Industal herausgebildet. Führende Städte waren Harappa und Mohenjo-Daro, von denen es seit 1925 archäologische Funde gibt. Mohenjo-Daro war demnach eine hochstehende Kultur mit Steinhäusern, Kanalisation und beschrifteten Siegeln, die die Archäologen an den Anfang des dritten vorchristlichen Jahrtausends datieren. Funde deuten darauf hin, dass es regelrechte Handelsbeziehungen mit dem Vorderen Orient gab.

Unter den Funden sind schriftliche Aufzeichnungen, die jedoch bis heute nicht entziffert werden konnten. Einige scheinen Zahlzeichen zu sein, ihre Bedeutung ist aber bis jetzt rätselhaft.

Die alten Indus-Kulturen verschwanden um 1500 vollständig, als im Zuge der indoeuropäischen Wanderungen die sogenannten Arier in die Gebiete von Indus und Ganges eindrangen.

Die „Vedische Zeit" der folgenden 1000 Jahre bis 500 v. Chr. gab dem indischen Subkontinent sein bis heute gültiges Gepräge. Die „Vedas" aus dieser Zeit sind die älteste indische Literatur; sie bestehen überwiegend aus Hymnen an die arischen Götter. Ihre Sprache ist das Sanskrit, ein Zweig der indoeuropäischen Sprachfamilie.

Am Ende dieser Zeitspanne um 500 v. Chr., etwa zeitgleich mit Pythagoras und der Entstehung des persischen Weltreiches, lebte Buddha („der Erleuchtete") und verkündete, dass durch Selbstvervollkommnung die fortschreitende Wiedergeburt beendet werden kann und die durch sittliches Verhalten geläuterte Seele ins Nirwana eingehen lässt.

Aus dieser, der vedischen Zeit, als die Mathematik in Babylon und Ägypten längst ihre schöpferische Kraft verloren hatte und höchstens noch als ein erstarrtes System tradiert wurde, stammen auch die ersten mathematischen Zeugnisse Indiens, die sogenannten „Sulba-Sutras" oder Schnurregeln. Einige Experten datieren sie auf die Zeit zwischen dem 15. und 12. Jahrhundert, die meisten ordnen sie dem 8. bis 3. Jahrhundert v. Chr. zu.

Diese Schriften sind in drei Versionen überliefert, alle drei sind in Versen abgefasst, vermutlich zur Unterstützung der Schüler, die diese „Regeln" auswendig zu lernen und schematisch anzuwenden hatten. Sie geben Kenntnisse wieder, die vermutlich über Jahrhunderte mündlich tradiert wurden. Die Schnurregeln basieren auf dem pythagoreischen Lehrsatz und der Kenntnis pythagoreischer Zahlentripel (vgl. Abschnitt

3.3). Sie dienten rituellen Zwecken wie dem Abstecken rechter Winkel mit Knotenschnüren und Bambusstäben zur Konstruktion von Altären. [Juschkewitsch, S. 92, 96]

Dies sind Kenntnisse, die bereits 1000 Jahre früher in Mesopotamien bekannt waren, was wegen der regen Handelsbeziehungen Abhängigkeiten von babylonischer Mathematik vermuten lässt. Auch Kenntnisse über griechische Mathematik sind nicht unwahrscheinlich, eindeutige Zusammenhänge sind jedoch nicht nachweisbar.

Allmählich bildete sich ein kulturell vereintes Königreich in Nordindien vom Indus bis zum Ganges heraus, auf das 516 v. Chr. der Perserkönig Darius I. und 327 Alexander der Große traf. Im Gefolge von Alexander kamen Wissenschaftler verschiedenster Diziplinen ins Land. Die Seleukiden, die Nachfolger Alexanders im Osten, verließen bald die indischen Gebiete, man kann aber davon ausgehen, dass weiterhin auf kulturellem und wissenschaftlichem Gebiet ein Gedankenaustausch stattfand.

Ab 270 v. Chr. bildete sich unter Ashoka das erste indische Großreich, das ganz Indien außer den Süden umfasste. Gegen Ende seiner Regierungszeit zerfiel das Reich. Aus dieser Zeit stammen Texte, die zeigen, dass die Zahlenschreibweise der unseren bereits recht ähnlich ist – weshalb wir unsere Ziffern als „indische" bezeichnen.

Erst ab 320 n. Chr. erlebte Indien eine neue Blüte. Das Gupta-Reich führte zu großen Fortschritten in den Wissenschaften, darunter besonders der Astronomie und in ihrem Gefolge auch die Mathematik. Die Guptas konnten sich mit wechselndem Erfolg gegen innere Unruhen und Bedrohungen durch Hunneneinfalle bis zum Eindringen der Araber 710 halten.

Während das Alter aller Nachrichten aus vorchristlicher Zeit über mathematische Kenntnisse sehr unbestimmt, und wegen der Neigung aller alten Kulturen, bei Altersangaben verehrter Überlieferungen stark zu übertreiben, äußerst unsicher ist, haben wir es erst seit dem 5. und 6. Jahrhundert n. Chr. mit zuverlässig datierbaren Quellen indischer Mathematik zu tun. In dieser Zeit wurde das gesamte indische mathematische Wissen im Wesentlichen von zwei Mathematikern zusammengefasst und durch eigene Leistungen ausgebaut: Aryabhata (um 500 n. Chr.) und Brahmagupta (598–665 n. Chr.).

Wenden wir uns weiter nach Osten, so treffen wir auf die letzte von uns zu behandelnde Hochkultur: China. Dörfliche und städtische Ansiedlungen sind seit 7000 v. Chr. in den Flussniederungen des Hoangho in Nordost-China nachweisbar. Erst später verbreiteten sie sich im Flussbecken des Jangtsekiang.

Der Anfang der Bronzezeit um 1600 v. Chr. deckt sich mit dem Beginn der ersten geschichtlichen Dynastie, der Shang-Dynastie (bis 1000 v. Chr.). Es war eine feudale Gesellschaft. Die Städte, in denen sich Tempelanlagen befanden, waren mit Mauern umgeben. Es entwickelte sich eine Zeichenschrift, die von Orakelpriestern benutzt wurde. Im Mittelpunkt des religiösen Lebens stand der Taoismus (Tao als leitendes Prinzip der gesetzmäßigen Ordnung des Kosmos). Daneben gab es Naturreligionen mit Natur- und Ahnengeistern, Opferkult und Orakelwesen.

Über die ältesten Zeiten mathematischer Betätigung sind nur sehr fragmentarische Nachrichten erhalten, und diese haben zumeist legendären Charakter. Obgleich Spuren von Zahlenmystik bis in die heutige Zeit verfolgt werden können, kann man über den Sinn der chinesischen Funde keine zuverlässigeren Aussagen machen als die, dass man sich mit Zahlen beschäftigte, und dass Zahlen nicht nur der Ordnung der Dinge des praktischen Lebens dienten, sondern darüber hinaus eine Art religiöse Bedeutung hatten. Wie in allen Kulturen zu allen Zeiten hatten Zahlen auch im alten China eine allegorische Bedeutung, eine Hilfsfunktion zur Erklärung von rational noch nicht oder prinzipiell nicht erfassbaren, scheinbar oder wirklich übernatürlichen Phänomenen.

Die Shang-Dynastie wurde um 1000 v. Chr. durch die Chou-Dynastie abgelöst. Unter ihr verfiel allmählich die Zentralgewalt. Die Fürsten und Lehnsherren gewannen an Macht, fortwährende Kriege gegeneinander zerrütteten das Land. Die Städte gewannen an Bedeutung und entfalteten eine ausgedehnte Handelstätigkeit.

In den Jahren 551–479(?) v. Chr. lebte Konfuzius, Schöpfer einer einflussreichen religiös begründeten sozial-ethischen Philosophie. Weitere wichtige Philosophen im 6. bzw. 5. Jahrhundert waren Lao-tse, der dem Taoismus eine philosophische Prägung gab, und Mo-ti, der einen religiösen Sozialismus begründete. (Der Buddhismus erreichte China erst zu Beginn unserer Zeitrechnung von Indien her.)

Mo-ti war vorwiegend – ähnlich wie Sokrates, der etwa zur gleichen Zeit lebte – Sozialethiker. Aufgrund seines Einflusses erschienen in den folgenden Jahrhunderten aber auch logische und erkenntnistheoretische Schriften. Im sogenannten „Kanon der Mohisten" finden sich Definitionen von geometrischen Grundbegriffen, die an die Elemente von Euklid erinnern; es wird aber keine deduktive Geometrie auf ihnen aufgebaut.

Vielleicht sind es nur Lehrbeispiele für das Definieren von Begriffen im Rahmen philosophischen Denkens.

Die für die Mathematik wichtigste Zeit war die Han-Epoche. Unter der Han-Dynastie erfolgte ab 200 v. Chr. (bis etwa 200 n. Chr.) eine erneute Festigung des Staates. Das Reich dehnte sich aus, der Handel über die Seidenstraße nach Persien bis ins Mittelmeergebiet florierte. Ein ausgedehnter Beamtenapparat kontrollierte die Verwaltung. Die Beamten wurden in Schulen auf ihre Tätigkeit durch Unterweisung in Staats- und Gesellschaftsphilosophie (beeinflusst durch die Lehren des Konfuzius), aber auch in Mathematik und Astronomie vorbereitet.

In dieser Zeit entstanden die ersten Schriften der später sogenannten „Zehn mathematischen Klassiker", eine Sammlung von Büchern, deren letztes im 6. Jahrhundert n. Chr. entstanden ist. Bis zum 10. Jahrhundert n. Chr. dienten sie in den kaiserlichen Akademien als Lehrbücher und als Prüfungsgrundlage. Das mathematikgeschichtlich bedeutendste unter ihnen ist ein Buch in neun Kapiteln (Büchern), die „Neun Bücher arithmetischer Technik" oder „Mathematik in neun Büchern", chinesisch „Chiu Chang Suan Shu" (im Folgenden kurz „Neun Bücher" genannt). Es handelt sich um ein Lehrbuch für Verwaltungsbeamte. Der älteste bekannte Text ist eine kommentierte Ausgabe von Liu Hui aus dem 3. Jahrhundert n. Chr., der die Abfassung des Buches einem hohen Beamten der Han-Zeit zuschreibt. Noch einige andere mathematische Texte waren im Umlauf.

Es zeigen sich Ähnlichkeiten mit babylonischer und ägyptischer Mathematik. Ob Beziehungen zwischen China und Babylon bestanden – was wegen der Handelsbeziehungen nicht ganz abwegig ist –, ist nicht klar. Im Ganzen ergibt sich jedenfalls ein Bild von einer Mathematik ganz eigener Art.

In der späten Han-Zeit (3. Jahrhundert n. Chr.) erreichte die Mathematik eine gewisse theoretische Phase. Zu dieser Zeit wurden auch auf anderen Gebieten, zum Beispiel der Astronomie, Geographie und Technologie beachtliche Fortschritte gemacht (darunter die Erfindung des Papiers). Enge Beziehungen zwischen diesen Wissenschaften und der Mathematik sind aber nicht nachzuweisen.

Nach der Han-Periode zerfiel das Reich. Sowohl politisch als auch kulturell erlebte es eine neue Blüte nach ca. 300 Jahren in der Anfangszeit der Tang-Dynastie (618–907). In den kaiserlichen Akademien florierte der schon erwähnte mathematische Unterricht auf der Grundlage der klassischen Texte, insbesondere den „Zehn mathematischen Klassikern".

1.2 Technische und wirtschaftliche Erfordernisse

Dass weite Teile unserer Gesellschaft durch Mathematik geprägt sind, braucht kaum erwähnt zu werden. Umgekehrt haben Anforderungen der Gesellschaft die Mathematik nicht nur geprägt, sie dürfen wohl, wenn man in die Geschichte blickt, geradezu als Ursprung und entscheidende Triebfeder mathematischer Tätigkeit und Erfindungsgabe angesehen werden. Freilich gab es Gesellschaften und Epochen – etwa die Römer und das europäische Mittelalter –, in denen bewundernswerte technische Leistungen weitgehend ohne Mathematik hervorgebracht wurden, und es gab (und gibt) Gesellschaften, in denen Mathematik so gut wie gar keine Rolle spielt. Anders verhielt es sich in den frühen Hochkulturen.

Diese entstanden, wie erwähnt, in den Flusstälern an Euphrat und Tigris in Mesopotamien, in Ägypten am Nil, in Indien am Indus, in China am Hwangho. Hier sahen sich die Menschen, soweit sie sich nicht vollständig den Unwägbarkeiten der Naturgewalten aussetzen wollten, mit einer Vielfalt technischer Probleme konfrontiert. Die anfallenden Aufgaben waren aufwendig und komplex und erforderten deshalb das Zusammenwirken der Menschen. Organisation der Wirtschaft durch Arbeitsteilung – Versorgung der Menschen, Auferlegung von Steuern und Abgaben – gehörte ebenso dazu wie eine planvolle Verwaltung und Bereitstellung von erwirtschafteten Überschüssen.

Eine Verwaltung, die diesen Anforderungen gewachsen sein wollte, ist für uns ohne Schrift und Mathematik schwer vorstellbar. Die mathematischen Quellen geben ein beredtes Zeugnis dieser Entwicklungen. Für Mesopotamien wird das dadurch belegt, dass die überwiegende Zahl der gefundenen Tontafeln Wirtschaftstexte mit dem Zweck der Buchführung sind. Auch die Praxis, versiegelte Gefäße mit Steinchen als eine Art Beleg oder Rechnung zu nutzen, oder die bis in moderne Zeiten verbreiteten Kerbhölzer sowie die Quipus der Inkas (siehe Einleitung) machen den ursprünglichen Zweck der Mathematik – wenn auch nur einen Randbereich – deutlich.

Buchführung benötigt zwar kaum mehr als Addition und Subtraktion, andere Aufgaben wie Verteilungen im Haushalt oder an der Arbeitsstelle erfordern dagegen diffizilere Rechenverfahren. Besonders wichtig ist dabei ein zweckmäßiges Maßsystem mit sinnvollen und leicht zu handhabenden Unterteilungen.

Unumgängliche Aufgaben der frühen Hochkulturen in den Flusstälern waren groß angelegte Vorbereitungsarbeiten zum Zwecke der Bewässerung sowie Schutzarbeiten zur Lenkung der Überschwemmungen: Bau von Dämmen, Gräben und Kanälen, von Aquädukten und Staubecken für Trinkwasser, die Ermittlung des Bedarfs an Material und Arbeitskräften für den Bau einer Rampe, für den Transport eines Obelisken und ähnliches.

Für „Beweise" gab es auf diesen Feldern der Mathematik keinen Bedarf und konnte es auch nicht geben. Numerische Regeln sind solange hinreichend, wie sie plausible Ergebnisse liefern. Die angewandte, oder besser die praktische Mathematik, ist nicht das Feld für Beweise, sondern für Näherungsverfahren. Die alten Kulturen haben hierfür erstaunliche Methoden entwickelt, die wir zum Teil noch heute verwenden.

Wenn man von der Mathematik der Griechen spricht, meint man im Allgemeinen diejenige Mathematik, die ihre charakteristische Ausprägung unter dem Einfluss der Philosophen erhalten hat. Davor und daneben gab es aber auch in Griechenland eine „praktische" Mathematik, die in den Anforderungen der Alltagsgeschäfte ihre Wurzeln hatte und zu ihrer Fortentwicklung beitrug. In Griechenland wurde solche Mathematik Logistik genannt und – wenn überhaupt – von der „wissenschaftlichen" Mathematik getrennt behandelt. Über diesen Zweig der Mathematik gibt es gelegentliche Erwähnungen, aber fast keine direkten Quellen; wir kommen darauf in Abschnitt 4.5 zurück.

1.3 Ausbildung und Berufspraxis

Um 2000 v. Chr. hat sich in Mesopotamien und Ägypten bereits so viel positives Wissen angesammelt, dass es zu einer irgendwie organisierten Form der Weitergabe kommen musste. Direkte Zeugnisse für einen institutionalisierten Unterricht, insbesondere die Mathematik betreffend, sind zwar spärlich, aber in vielen Quellen finden sich deutliche Hinweise.

Häufig spiegeln die Texte Dialoge zwischen Lehrer und Schüler wider oder Anweisungen des Lehrers an den Schüler. Zum Beispiel, wenn es in einem babylonischen Text heißt:

„Ein Schilfrohr habe ich abgeschnitten. Du bei deinem Verfahren, das Rohr, das du nicht kennst, nimm …" [VAT 7532].

So oder ähnlich wiederholen sich die Formulierungen. In Ägypten finden wir im Papyrus Rhind ähnliche Hinweise auf einen mündlichen Unterricht, etwa in Aufgabe 30:

„Wenn der Schreiber dir sagt … Lass ihn hören!" [Vogel I, S. 54]

Auch zahlreiche Aufgaben, die eine Einkleidung aus dem praktischen beruflichen Umfeld aufweisen, deren Daten aber völlig realitätsfern, zum Teil geradezu grotesk sind, weisen auf einen Schulbetrieb hin. Zum Beispiel wenn der Inhalt eines mit Wasser gefüllten Würfels mit der unwahrscheinlichen Kantenlänge von 120 Ellen berechnet werden soll. Charakteristisch für einen geplanten Unterricht sind Aufgaben, die sich nur erklären lassen, wenn man annimmt, dass sie sozusagen „von hinten", bei vorgegebenem Ergebnis, konstruiert worden sind (was auch noch für heutige Schulbücher gilt). Dabei sind offenbar Lehrer am Werk, die ihren Unterrichtsstoff aus der Praxis beziehen, ihn aber gelegentlich so weit aufbereiten, dass sein ursprünglicher Zweck kaum noch zu erkennen ist. Ein rechtwinkliges Dreieck etwa durch eine Gerade parallel zu einer Kathete gegebener Länge so zu teilen, dass die Differenzen der Flächeninhalte und die der Höhen der beiden Teilflächen einen vorgegebenen Wert haben [Vogel Teil II, S. 72], ist schon ein recht ausgefallenes Problem der rechnenden Geometrie (mit drei Unbekannten!), von dem man sich kaum vorstellen kann, dass es in der Praxis, etwa der eines Landvermessers, eine Rolle spielen könnte; es handelt sich um reines Übungsmaterial für die Hand des Lehrers. Wer diese recht komplexe Aufgabe bewältigt, wird auch in der Lage sein, verwandte Probleme in der Praxis sachgerecht zu lösen.

Eine positive Konsequenz von all dem ist zweifellos darin zu sehen, dass sich im Umfeld der Schule ein Regelwerk entwickeln konnte, nach dem sich ganze Aufgabengruppen nach einheitlichen Verfahren bearbeiten und lösen ließen.

Die Beispiele zeigen, dass die Aufgabensammlungen nicht ausschließlich, vielleicht nicht einmal vorrangig, der Weitergabe unmittelbar anwendungsbezogenen praktischen Wissens für die Ausbildung bestimmter Berufe dienten, sondern im Sinne einer allgemeinen Bildung eingesetzt wurden, die die Schüler befähigen sollten, gegenwärtige und besonders zukünftige Aufgaben innovativ zu bewältigen.

Diese Aspekte sind auch deutlich in dem Hauptwerk der Mathematik im alten China zu erkennen, den „Neun Büchern" *Chiu Chang Suan Shu* aus den „Zehn mathematischen Klassikern". Pauschal kann man sagen, dass die meisten Aufgaben in diesem Werk von der gleichen Art sind, wie wir sie aus den babylonischen Quellen kennen. Der Inhalt ist gut organisiert. Es gibt natürlich keine Beweise, aber allgemein formulierte Regeln (verbal, nicht symbolisch), die für ganze Aufgabengruppen gelten.

Dieses Werk aus der Han-Zeit (200 v. Chr. bis 200 n. Chr.) ist zwar wesentlich jünger als die Texte aus Babylon und Ägypten, dafür gibt es eindeutige Belege, dass es sich um ein ausgesprochenes Lehrwerk handelt.

1.4 Astronomie, Astrologie und Kalenderberechnung

Astronomie spielte (und spielt noch immer) in allen Kulturen eine bedeutende Rolle. Das hängt offenbar damit zusammen, dass Sonne und Mond das menschliche Leben in vielerlei Hinsicht betreffen, sei es tatsächlich oder vermeintlich. Zyklen von Sonne und Mond ordnen sowohl das bürgerliche Leben als auch die religiösen Festzeiten. Ihr Lauf war daher zu allen Zeiten Grundlage für die Zeitmessung und den Kalender.

Die natürlichen Einheiten für die Zeitmessung sind Jahr, Monat und Tag. Der Lauf der Sonne bestimmt die Jahreszeiten, die für landwirtschaftlich geprägte Kulturen vordringlich sind, während der Mondlauf für Hirtenvölker von größerer Bedeutung ist. Schon seit frühesten Zeiten hat man versucht, Sonnen- und Mondkalender in Einklang zu bringen. Alle diesbezüglichen Versuche waren, wie man allerdings erst im Mittelalter erkannte, zum Scheitern verurteilt, da die Umlaufzeiten von Sonne und Mond – das tropische Jahr und der synodische Monat – inkommensurabel sind, das heißt in keinem ganzzahligen Verhältnis zueinander stehen.

Im alten Ägypten hat sich eine Näherungslösung gefunden, die sich in der Praxis trotz einer Reihe anderer Versuche so bewährt hat, dass sie bis zur gregorianischen Kalenderreform im 19. Jahrhundert Bestand hatte: der 19-jährige Lunisolarzyklus. Hierbei handelt es sich um die Feststellung, dass 19 Sonnenjahre recht genau einer vollen Zahl, nämlich 235 Monate sind. Das tropische Sonnenjahr hat nämlich ungefähr 365,24 Tage, der synodische Monat etwa 29,53 Tage. Demnach haben 19 Sonnenjahre 6939,56 Tage, 235 Monate 6939,55 Tage. Es folgt, dass alle 19 Jahre die Mondphasen (mit geringfügigen Abweichungen) auf das gleiche Datum des Sonnenkalenders fallen. Dies hat vor allem für die Bestimmung des jüdischen Passahfestes und des christlichen Osterfestes hohe Bedeutung erlangt, weil beide Feste vom Datum des ersten Frühlingsvollmondes abhängen.

Die Ägypter hatten einen Kalender mit den Einheiten 12 Monate zu je 30 Tagen. Das war weder ein Sonnen- noch ein Mondkalender, und sowohl die Jahreszeiten als auch die Mondphasen verschoben sich permanent (in 1460 = viermal 365 Jahren durch einen ganzen Jahreszeiten-zyklus, den sogenannten Sothis-Zyklus). Dies konnte mit etwas Zählen und elementarem Rechnen unter Kontrolle gehalten werden. Im Übrigen schien der bürgerliche Kalender gar nicht so wichtig gewesen zu sein, da sich die Landwirtschaft weniger nach den Jahreszeiten als nach den Nilüberschwemmungen richten musste.

Das Jahr begann daher ursprünglich mit den Nilüberschwemmungen, wurde aber im Laufe der Zeit auf den Aufgang des Sirius (ägyptisch Sothis) in der Morgendämmerung (heliakischer Aufgang) verlegt. Obwohl dieses Datum vom Breitengrad des Beobachters abhängt und sich im Laufe der Zeit verändert, war es doch ein hinreichend konstantes Ereignis und lag zudem meistens dicht – jedenfalls ab etwa 2000 v. Chr. – beim Beginn der Nilüberschwemmungen; es galt deshalb als „Bringer der Nilflut", die gegen Juni eintrat.

Vielmehr als die Ägypter haben sowohl Babylonier als auch Inder und Chinesen in systematischen und kontinuierlichen Beobachtungen Ordnung in das Firmament gebracht. In systematischen und langen Beobachtungsreihen haben sie die Bewegungen von Sonne, Mond und den Planeten vor dem Hintergrund des Fixsternhimmels aufgezeichnet und waren damit in der Lage, mithilfe von Berechnungen Voraussagen zu machen; aus Ägypten ist solches nicht überliefert.

Eine wesentliche Erkenntnis – in Mesopotamien wahrscheinlich schon im 3. Jahrtausend v. Chr., in Indien und China wohl nicht vor dem 4. Jahrhundert v. Chr. – bestand in der Entdeckung, dass sich Sonne, Mond und die (sichtbaren) Planeten in einer Ebene bewegen. Damit hatten sie den später sogenannten Tierkreis, die Ekliptik, entdeckt; Tierkreis deswegen, weil diese Ebene durch die Sternbilder mit Tiernamen verläuft. Die Babylonier teilten ihn – was offensichtlich mit ihrem Zahlsystem zusammenhängt – in zwölf „Häuser" ein und jedes Haus in dreißig Teile, den Jahreskreis damit in 360 Teile. In China wurde vereinbart, dass die Sonne jeden Tag ein Grad zurücklegte. Der Vollkreis (das tropische Jahr) war demzufolge in 365,25 Grad aufgeteilt (dabei ging man von einer gleichmäßigen Bewegung der Sonne aus).

Eine weitere Komponente, die das Interesse an astronomischen Studien gefördert hat, ist die Astrologie. Dass die Himmelskörper in vielfältiger Weise auf das Leben der Menschen einwirken, scheint ja offensichtlich zu sein, zumal wenn die Gestirne, wie in den alten Kulturen üblich, als Götter angesehen und verehrt werden.

Während die Astrologie in Ägypten (der spärlichen Quellenlage nach) eher mäßig entwickelt war, wirkte sie in den anderen frühen Hochkulturen als einflussreiche Triebfeder auf die Entwicklung der Astronomie und in ihrem Gefolge auch auf die Mathematik. Astrologie geht der beobachtenden und rechnenden Astronomie voraus und gründet in uralten Mythen, in Mythen, die den Menschen Erklärungen für Erscheinungen und Einflüsse geben, die ihr Leben in irgendeiner Weise betreffen, für die sie aber keine rationalen Erklärungen finden können. In China waren um die Zeitenwende uralte Vorstellungen von der unlösbaren Einheit zwischen Welt und Mensch allgegenwärtig, denen zufolge alles in engster Wechselwirkung von Himmel, Erde und Mensch abläuft.

So schien es angebracht, die Bewegungen der Gestirne zu studieren um Voraussagen über Ortsbestimmungen, Konjunktionen, Verfinsterungen und ähnliches machen zu können. Beobachtungen allein genügten dafür jedoch nicht, hier wurden Berechnungen notwendig, die teilweise recht komplizierte und aufwendige Ausmaße annahmen. Dabei handelt es sich um wirkliche astronomische Forschung. Wenn daraus allerdings Schlüsse und Voraussagen über das Schicksal von Menschen abgeleitet werden, oder gar die tägliche Arbeit der Menschen oder die politischen und militärischen Entscheidungen des Königs durch ein umfangreiches Regelwerk, das aus der Position der Sterne abgeleitet ist, bestimmt werden, so mündet die Astronomie – und in ihrem Gefolge die Mathematik – schließlich in Aberglauben und esoterische Praktiken.

Am Ausgang der Antike um 400 n. Chr. sah sich der Bischof und Kirchenlehrer Augustinus von Hippo wegen der weiten Verbreitung astrologischen Aberglaubens genötigt, die guten Christen zu warnen

„vor Mathematikern und allen, die in gottloser Weise prophezeien, damit diese nicht, mit den Dämonen vereint, die irregegangene Seele durch einen Gemeinschaftspakt täuschen." [De genesis ad literam II, XVII, 37]

Nebenbei sei bemerkt, dass hier mit den „Mathematikern" natürlich die Astrologen gemeint waren; es ist aber bekannt, dass bis in die Neuzeit hinein die Mathematiker und Astronomen sich ihren Lebensunterhalt ganz oder teilweise durch das Erstellen von Horoskopen verdient haben. Ein bekanntes Beispiel hierfür ist Johannes Kepler (1571–1630), der als „Hofmathematikus" für die habsburgischen Kaiser Horoskope erstellte, desgleichen für deren Feldherrn Wallenstein (der sich nicht zu schade war, Kepler um sein Honorar zu prellen).

Von der babylonischen Astronomie haben die Griechen – und damit auch wir Heutigen – viel gelernt und übernommen, und unsere heutige Astrologie geht fast vollständig auf den alten Orient zurück. (Die Praxis der Winkeleinteilung in 360 Grad zu je 60 Minuten usw. ist schon jedem Mittelschüler geläufig.)

1.5 Mathematik in Philosophie, Theologie und Kunst

Wenn, wie wir wiederholt festgestellt haben und im Folgenden noch häufig sehen werden, Ursprünge, wesentliche Motivationen und Entwicklungsschübe der Mathematik in den praktischen Erfordernissen des Alltags der Menschen liegen, so ist es auf den ersten Blick nicht leicht vorstellbar, dass eine so praktische und erdverbundene Wissenschaft mit Philosophie, Religion, Kunst und vielleicht weiteren Geisteswissenschaften zu tun haben könnte.

Nun ist es aber so, dass seit ältesten Zeiten in den meisten Kulturen Zahlen nicht nur zum Zählen von Gegenständen des praktischen Lebens verwandt wurden, sondern auch zur Erklärung von Erscheinungen, Vorgängen und Ähnlichem, welchen ein indirekter, spekulativer oder mystischer Einfluss auf Leben und Sterben zugesprochen wurde. Von da aus war es nur ein kurzer Weg, bis solche Wirkungen auf die Zahlen selbst übertragen wurden.

Wann sich die Zahl, von den gezählten Gegenständen abgelöst, zu einem „abstrakten" Begriff entwickelt hat, wird man nicht feststellen können, weil es sich dabei um einen Prozess und nicht um ein einmaliges Ereignis gehandelt hat. Die griechischen Philosophen jedenfalls haben die Praxis des Zählens und Rechnens von der „wissenschaftlichen" Mathematik getrennt und in einen eigenen Bereich verschoben, den sie Logistik nannten (vgl. Abschnitt 4.5). Dort gehörte die Arithmetik zum Feld der Kaufleute und Techniker, hier, wo es um den *Begriff* der Zahl ging, zum Feld der Philosophen. Dort wurde die Praxis des Rechnens ausgeübt, hier wurde nach den „ewigen" unveränderlichen Gesetzmäßigkeiten der Zahlen gesucht.

Wo dieser einschneidende Schritt in der Mathematik getan wurde, hat die Zahl eine eigenartige mystische Wirkung ausgeübt. So schwärmte Philolaos, Pythagoreer des 5. Jahrhunderts v. Chr.:

„Denn sie ist groß, allvollendend und allwirkend und Urgrund und Führer des göttlichen und himmlischen Lebens wie auch des menschlichen ... Ohne diese ist alles grenzenlos und undeutlich und dunkel; denn die Natur der Zahl ist Erkenntnis spendend und führend und lehrend für jeden bei jedem Dinge, das ihm rätselhaft und unbekannt ist ... Täuschung dringt unter keinen Umständen in die Zahl ein; denn Täuschung ist ihrer Natur feindlich und verhasst; die Wahrheit aber ist dem Geschlecht der Zahl eigen und angeboren." [Capelle, S. 477f.]

Der Neupythagoreer Nikomachos von Gerasa schloss sich im 1. Jahrhundert n. Chr. dieser Auffassung von der „Natur der Zahl" und ihrem „wahren und ewigen Wesen" an, und so galt es durch das gesamte Mittelalter und die Renaissance hindurch:

„Alles, was von der Natur im Universum nach einem bestimmten System angeordnet ist, scheint sowohl in seinen Teilen als auch im Ganzen in Übereinstimmung mit gewissen Zahlen festgelegt und geordnet zu sein ... Die Zahl ist nur ein Begriff, aber im Übrigen absolut immateriell, und dennoch ist sie das wahre und ewige Wesen, so dass mit Bezug auf sie wie auf einen künstlerischen Plan alle diese Dinge geschaffen werden mussten, nämlich die Zeit, die Bewegung, die Himmel, die Gestirne und die Kreisläufe." [Nikomachos von Gerasa, S. 189]

So schwer es uns heute auch fällt, diese Gedanken nachzuvollziehen, darf doch nicht übersehen werden, dass diese Begeisterung für „die Zahl an sich" am Beginn abendländischer Arithmetik steht.

Als „Führer des göttlichen und himmlischen Lebens" haben auch die anderen alten Kulturen die Zahl angesehen. Besonders deutlich war das in Babylon, wo jedem Gott eine Zahl derart zugeordnet wurde, dass die Beziehungen der Zahlen zueinander die Verhältnisse in der Götterwelt und der Götter untereinander reflektierten. So ist es nur folgerichtig, dass die wichtigste Zahl im Zahlsystem der Babylonier, die 60 als dessen Basis, dem obersten Gott Anu zukommt, während sich die vielen kleinen Untergötter und Dämonen mit Bruchzahlen zufrieden geben mussten (vgl. [Pichot, S. 93]).

Eine ausgiebige metaphorische Verwendung der Zahlen finden wir (wohl nicht ganz unabhängig von babylonischem Vorbild) auch in der Bibel. Die ins fantastische gehenden Übertreibungen von Altersangaben herausragender Persönlichkeiten, von Angaben über Gefangene oder Erschlagene nach siegreichen Feldzügen zeigen, dass die Zahl hier ihre ursprüngliche Funktion eingebüßt hat zugunsten einer Erzählweise, die wir nicht mehr verstehen. Der Kirchenlehrer Augustinus hat um 400 n. Chr. Wege zu ihrer Entschlüsselung gewiesen; die von den Autoren tatsächlich intendierten Absichten bleiben uns Heutigen dennoch verschlossen. Überdeutlich wird dies am Beispiel der Zahl 666, von der das letzte Buch des Neuen Testamentes sagt:

„Hier ist Weisheit erforderlich. Wer Verstand hat, der berechne die Zahl des Tieres; denn es ist eines Menschen Zahl, und seine Zahl ist sechshundertsechsundsechzig." [Offb. Joh. 13, 18]

Die hilflosen und absolut sinnlosen Versuche verschiedener Autoren der Renaissance – allen voran Michael Stifel (1487–1567) – haben nichts zur Aufklärung, dafür aber zu einer Menge Konfessionsstreitigkeiten beigetragen.

Für die Geometrie kann man Vergleichbares nicht feststellen. Das dürfte vor allem daran liegen, dass die geometrischen Figuren und Konstruktionen vom Grunde her konkret sind, wogegen die Zahlen, von den gezählten Gegenständen abgelöst, nicht verschwunden waren, sondern als abstrakte Begriffe eine eigene Existenz behielten.

Aber eine metaphorische Verwendung der Zahl muss nicht ins Okkulte abgleiten. Positiv ist immerhin zu vermerken, dass die Tendenz zur Zahlenmystik (von Ägypten einmal abgesehen) die Arithmetik, genauer das Studium der Gesetzmäßigkeiten der Zahlenreihe, sogar befördert hat.

Wichtiger noch als die Zahl war in der „philosophischen" Mathematik der Begriff des Verhältnisses von Zahlen und der der Proportion (Verhältnis*gleichheit*). Die Proportion war ein allgegenwärtiges Hilfsmittel, natürliche, aber auch „übernatürliche" Dinge dem Verstand zugänglich zu machen, die sich sonst der vernunftgemäßen Behandlung verweigern. Das war schon aus den obigen Zitaten herauszuhören, wo von der kosmischen Harmonie die Rede war, die sich in vielfältiger Weise in Zahlenverhältnissen ausdrückt. Zahl und Proportion waren stets ein einflussreiches Mittel, die göttliche Ordnung ins Irdische zu übertragen. Ordnung aber war wesenhaft Zahlhaftigkeit; sie gab darüber hinaus die Sicherheit, die man benötigte. Am Ausgang der Antike hat Augustinus dies drastisch so ausgedrückt, zwei und zwei sei gleich vier, auch wenn das ganze Menschengeschlecht schnarche.

1.6 Mathematik zur Bildung und Unterhaltung

Alle Hochkulturen waren nicht nur Handelszentren, sondern auch Zentren des Wissens. Mit zunehmender Etablierung des Ausbildungsbetriebes verfeinerten sich die Lehrmethoden, wie man das im Schulbetrieb zu allen Zeiten bis heute beobachten kann. Der Lehrstoff wurde, ausgehend von der Weitergabe unmittelbar anwendungsbezogenen und für die direkte Anwendung vorgesehenen praktischen Wissens um eine Allgemeinbildung ergänzt, die die Schüler befähigen sollte, gegenwärtige und besonders zukünftige Aufgaben innovativ zu bewältigen.

Mathematik ist ein unverzichtbarer Teil des Fundaments jeder wirklichen Bildung. In einem sumerischen Lehrgedicht aus der Zeit um 2000 v. Chr. heißt es über den Lehrer:

„Du lässt Weisheit über ihn [den Schüler] kommen, lehrst ihn die Feinheiten der Tafelschreibkunst, der Rechentafeln, des Rechnens und Abrechnens Lösungen erklärst du ihm, der Divisionen (?) verschleierte Fragen lässt du ihm aufgehen." [Falkenstein, S. 129]

Aber wie ein Fundament allein noch kein vollkommenes Gebäude ausmacht, so musste die Mathematik eingebettet werden in ein umfassendes Bildungskonzept. Falkenstein betont [Ebd. S. 132]:

„Die Schule hat sich keineswegs damit begnügt, dem ‚Sohn des Tafelhauses' diejenigen Kenntnisse zu vermitteln, die ihm etwa die Aufzeichnungen der üblichen wirtschaftlichen Transaktionen, der amtlichen Buchführung und der einfachen Korrespondenz ermöglichten. Sie ist keine Fachschule mit einem engbegrenzten Ausbildungsstoff; vielmehr gibt sie dem Schüler das gesamte Gut der geistigen Überlieferung an die Hand."

Nach Høyrup entwickelten die altbabylonischen Schreiber

„eine Ideologie des Schreiberhumanismus, dessen Bildungsideal nebst genauen Kenntnissen der toten sumerischen Sprache und vielem anderem über das berufsmäßig Notwendige hinaus auch gute Kenntnisse der Mathematik forderte." [in Scholz, S. 16]

Lehrer haben immer das Bestreben gehabt, ihren Stoff unterhaltsam aufzubereiten, um die Arbeit für sich und ihre Schüler angenehmer und am Ende effektiver zu gestalten. Beispiele dafür sind Zahlenrätsel, die bis in die heutige Zeit verbreitet und beliebt sind. Aber auch „ernstere" Beispiele mit einem möglicherweise höheren Lerneffekt, wie etwa die Nummer 79 im Papyrus Rhind, dessen Verbreitung über Jahrtausende im gesamten Abendland davon Zeugnis gibt, dass Unterhaltungsmathematik keineswegs purer Zeitvertreib ist, sondern ein beliebter, vor allem aber wichtiger Teil des Schulunterrichtes. Die Aufgabe lautet sinngemäß (vgl. S. 56):

„In 7 Häusern sind je 7 Katzen, jede frisst 7 Mäuse, von denen jede 7 Ähren gefressen hat, jede Ähre gibt 7 Scheffel Korn. Wie lautet die Summe von allem?"

Ähnlich aus dem alten China die Aufgabe 14 in Buch VI der „Neun Bücher":

„Jetzt war ein Hase zuerst 100 Schritt gelaufen. Ein Hund verfolgte ihn auf 250 Schritt. Er erreichte ihn nicht um 30 Schritt und blieb stehen. Frage: Wie viel hätte der Hund, wenn er nicht stehengeblieben wäre, weiter laufen müssen, um ihn zu erreichen?"

Ein durch alle Zeiten beliebtes mathematisches „Spiel" ist die Herstellung von magischen Quadraten, einem schachbrettartigen Feld mit n mal n Feldern, in die die Zahlen von 1 bis n^2 so einzutragen sind, dass alle Spalten- und Zeilensummen und die Summen der beiden Diagonalen gleich sind. Das älteste Exemplar scheint aus China zu stammen, es ist das einzig mögliche magische Quadrat mit 3 mal 3 Feldern, es hat die „magische Summe" 15 (s. Abb. 5). Es ranken sich manche Legenden um dieses, *Lo Shu* genannte Quadrat, die bis ins 3. Jahrtausend v. Chr. zurückweisen und mit religiösen, auch magischen Vorstellungen verbunden sind. Die ältesten bildlichen Darstellungen sind wohl „nur" auf einige Jahrhunderte v. Chr. zu datieren. Jedenfalls soll es sich um das älteste mathematische Zeugnis Chinas handeln.

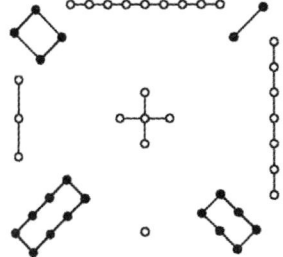

4	9	2
3	5	7
8	1	6

Abb. 5: Das Lo-Shu-Diagramm (nach [Gericke 1984, S. 170]).

Die Inder liebten es, ihre Aufgaben in Versen abzufassen. So lautete zum Beispiel eine Aufgabe, die wir durch die Gleichung $1/5x + 1/3x + 3(1/3 - 1/5)x + 1 = x$ ausdrücken würden, in der poetischen Sprache der Inder:

> *„Von einem Schwarm Bienen lässt 1/5 sich auf einer Kandamblüte, 1/3 auf der Silindhablume nieder. Der dreifache Unterschied der beiden Zahlen flog nach den Blüten eines Kutaja, eine Biene blieb übrig, welche in der Luft hin und her schwebte, gleichzeitig angezogen durch den lieblichen Duft der Jasmine und eines Pandamus. Sage mir, reizendes Weib, die Anzahl der Bienen."*

In die gleiche Kategorie fällt eine Sammlung von 45 Aufgaben, die ganz überwiegend der griechischen Antike entstammt; wir kommen darauf in Abschnitt 7.6 zurück.

2. Arithmetik und Algebra

2.1 Zahlschrift und Zahlsysteme

Unser heutiges Zahlsystem ist bekanntlich ein dezimales Positions- oder Stellensystem. Darin hat zum Beispiel die Ziffernfolge 300,5 die Bedeutung

$$3 \cdot 10^2 + 0 \cdot 10^1 + 0 \cdot 10^0 + 5 \cdot 10^{-1}.$$

In dieser ausführlichen Schreibweise sind die Summanden mit dem Koeffizienten 0 überflüssig, dagegen ist die 0 in der Kurzschreibweise 300,5 unbedingt erforderlich, da sich sonst die Position der übrigen Ziffern und damit der Wert der dargestellten Zahl verändern würde. Die Null hat hier nur die Funktion eines Lückenzeichens, nicht die einer Zahl. Außerdem ist bei der Kurz- oder Ziffernschreibweise das Komma (oder ein anderes Zeichen) notwendig, um die Position der einzelnen Ziffern (das heißt zu welcher Zehnerpotenz sie gehören) eindeutig feststellen zu können.

Die Zahl 10 heißt Grundzahl oder Basis des dezimalen Zahlsystems. In diesem Zahlsystem werden für die Darstellung einer beliebigen Zahl nur zehn Ziffern benötigt, die wir als $0, 1, \ldots, 9$ schreiben. Die Wahl der 10 als Basis ist für die Darstellbarkeit einer Zahl nicht von Bedeutung; es gilt nämlich (wie wir heute wissen):

Ist d eine natürliche Zahl größer als 1, so lässt sich jede nichtnegative reelle Zahl a darstellen in der Form

$$a = a_n d^n + \ldots + a_1 d + a_0 + a_{-1} d^{-1} + \ldots$$

mit natürlichen Zahlen n und „Ziffern" $a_i = 0, 1, \ldots, d-1$.

Setzt man die Basis d als bekannt voraus, so schreibt man kurz

$$a = a_n \ldots a_1 a_0, a_{-1} \ldots$$

Am bekanntesten und verbreitetsten ist heute neben dem Zehnersystem das Zweier- oder Dualsystem, das uns weiter unten wieder begegnen wird. In diesem System, das unter anderem die Computertechnologie beherrscht, ist, um bei dem obigen Beispiel zu bleiben, $300,5 = 2^8 + 2^5 + 2^3 + 2^2 + 2^{-1}$, in der Ziffernschreibweise des Dualsystems also $100101100,1$.

Wir haben das so ausführlich erläutert, weil in Mesopotamien etwa seit der Mitte des 3. Jahrtausends v. Chr. ebenfalls ein Positionssystem in Gebrauch war, aber kein Dezimalsystem, sondern eines mit der Grundzahl 60; daher der Name Sexagesimalsystem (auch Hexagesimalsystem). Die Zahl $670,5 = 11 \cdot 60^1 + 10 \cdot 60^0 + 30 \cdot 60^{-1}$ beispielsweise hat in der Ziffernschreibweise des Sexagesimalsystems die Darstellung $11,10;30$. Hierzu ist folgendes zu bemerken: Wie oben erläutert, benötigt man für die Ziffernschreibweise im Sexagesimalsystem Zeichen für die Zahlen von 0 bis 59 (unsere Schreibweise!). Da die Stellen also aus zwei unserer Ziffern bestehen können, hat man die Konvention getroffen, die Stellen durch Kommas voneinander zu trennen und für das dem Dezimalkomma entsprechende Zeichen ein Semikolon zu schreiben.

Seit der Mitte des 3. Jahrtausends v. Chr. etwa war, wie in Abschnitt 1.1 beschrieben, die Keilschrift in Gebrauch. In dieser Schrift wurden die Zahlen 1 bis 59 wie in Abb. 6 dargestellt aus zwei Zeichen additiv zusammengesetzt, dem Keil für die Eins und dem Winkelhaken für die Zehn.

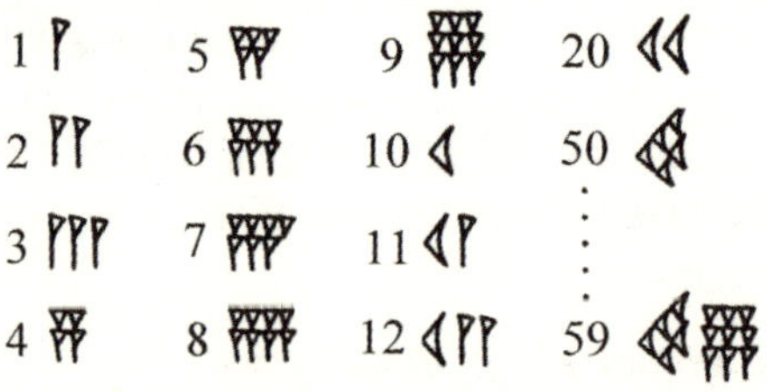

Abb. 6:   Sumerisch-akkadische Keilschriftziffern.

Der Gebrauch dieses an sich ausgezeichneten Zahlsystems litt allerdings an zwei Unvollkommenheiten: erstens hatte man kein „Lückenzeichen", das die Funktion unserer 0, die für ein Positionssystem doch eigentlich unverzichtbar ist, hätte übernehmen können, und zweitens gab es keine unserem Dezimalkomma entsprechende Markierung. Dadurch ergaben sich Unsicherheiten beim Lesen der Zahlen. Auch der Notbehelf, anstelle eines Zeichens für die Null eine Lücke zu lassen (erst in neubabylonischer Zeit führte man dafür ein eigenes Zeichen ein), war im Schriftbild kaum festzustellen, außerdem kann man am Ende einer Zahl keine Lücke lassen. So konnte etwa ein Keil jede Sechzigerpotenz bedeuten, und zwei Keile zusammen mit einem Winkelhaken konnten ebenso gut 12 bedeuten wie 12,0 = 720 oder 0;12 = 1/5; sie konnten aber auch 10,2 = 62 oder 10,1,1 = 36061 bedeuten.

Es blieb daher nichts anderes übrig, als die beabsichtigten Positionen und damit den Wert einer geschriebenen Ziffernfolge dem Sinnzusammenhang zu entnehmen. Bei der verbalen und meist praxisbezogenen Formulierung der Aufgaben war das für die Babylonier offenbar von untergeordneter Bedeutung. Jedenfalls hatte man sich mit diesem Missstand arrangiert und auf der Basis dieses Zahlsystems eine beachtliche praktische Mathematik entwickelt. Es ist wohl nicht übertrieben zu sagen, dass allein die Erfindung des sexagesimalen Zahlsystems – trotz seiner Unzulänglichkeiten – zur Überlegenheit der babylonischen Mathematik über die etwa gleich alte ägyptische geführt hat (zumindest in Arithmetik und Algebra).

Doch diesem Zahlsystem ging eine jahrhundertelange Entwicklung voraus. Abb. 7 zeigt eines der ältesten Schriftdenkmäler aus Mesopotamien, eine im Gebiet der altsumerischen Stadt Uruk gefundene Buchungstafel aus der Zeit um 3200 v. Chr. In dieser frühen Zeit wurden die Zahlen mit zwei Griffeln, einem mit kleinerem und einem mit größerem kreisförmigen Querschnitt, in den weichen Ton senkrecht oder schräg eingedrückt. Auf diese Weise entstanden die in Abb. 7 und 8 dargestellten Zahlzeichen.

Bei dieser archaischen Form der Zahlschrift handelt es sich um ein gemischtes Dezimal- und Sexagesimalsystem. Weitere Zahlen wurden additiv gebildet, zum Beispiel $1024 = 600 + 7 \cdot 60 + 4$. Die Bedeutung der Zahlzeichen variierte anfangs noch mit der Art der gezählten Gegenstände, womit deutlich wird, dass in dieser frühen Phase von einem allgemeinen, abstrakten Zahlbegriff noch keine Rede sein kann.

Innerhalb von einigen Jahrhunderten haben die Babylonier als Einzige unter den frühen Hochkulturen ein Positionssystem – wenn auch kein vollkommenes – geschaffen und damit die Möglichkeit gefunden, mit wenigen Zahlzeichen beliebig große und kleine Zahlen darzustellen. Alle anderen frühen Hochkulturen hatten ein additiv oder multiplikativ aufgebautes Zahlsystem oder eine Mischung aus beiden, ein sogenanntes Hybridsystem. Diesen Systemen ist gemeinsam, dass sie mit endlich vielen Zahlzeichen nur endlich viele Zahlen darstellen können.

Abb. 7:   Altsumerische Tontafel. Die Darstellung ist bis auf die Zahlen noch rein
           bilderschriftlich und kann deshalb ohne sumerische Sprachkenntnisse ge-
           lesen werden: 54 Stiere und Kühe [Gericke 1984, S. 11].

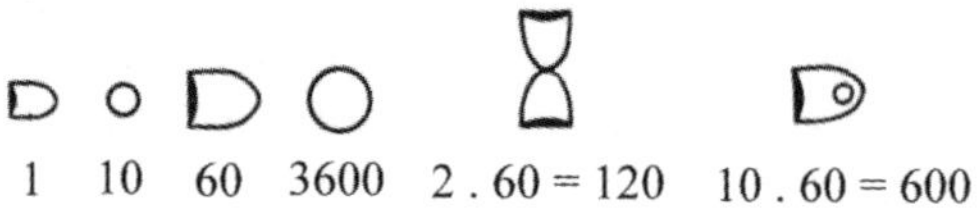

$$\text{D} \quad \circ \quad \text{D} \quad \text{O} \qquad \text{X} \qquad \text{D}$$

1   10   60   3600 $2 \cdot 60 = 120$ $10 \cdot 60 = 600$

Abb. 8:   Altsumerische Zahlzeichen.

Ein streng additives Zahlsystem haben die Ägypter geschaffen. In der
Hieroglyphenschrift gab es, wie in Abb. 9 dargestellt, Individualzahlzeichen für die Potenzen von 10 bis 1000000. Hieraus wurden die weiteren
Zahlen additiv, das heißt durch Nebeneinanderschreiben gebildet, wie
beispielsweise die Zahl 2375486 in der Abbildung.

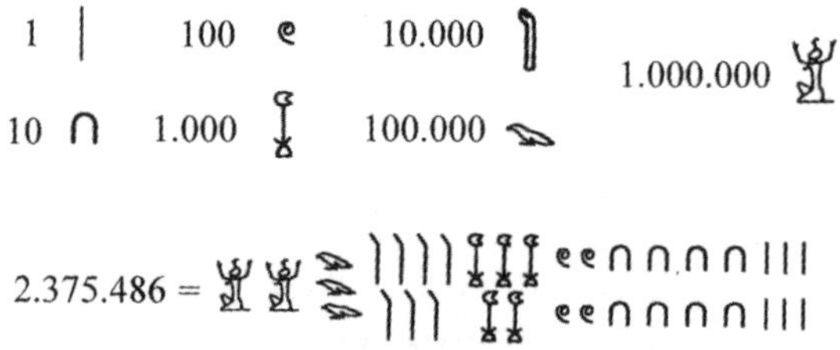

1 | 100 ℮   10.000 ⌐

10 ∩   1.000 ↑   100.000 ⬏   1.000.000 ⚚

$$2.375.486 = \text{⚚ ⚚ ↑ |||| ↑↑↑ ℮℮ ∩ ∩ ∩ |||}$$

Abb. 9:   Hieroglyphische Zahlzeichen.

In einer solchen Darstellung hat jedes einzelne Zeichen einen festen
Wert, und der Wert der dargestellten Zahl ergibt sich durch Addition
dieser einzelnen Werte. Eine Null ist in additiven Systemen offenbar
nicht erforderlich. Da es bei der Addition nicht auf die Reihenfolge der
Summanden ankommt, ist auch – im Gegensatz zum Positionssystem –

die Reihenfolge der Zeichen nicht von Bedeutung. Dass dennoch eine bestimmte Ordnung beim Schreiben eingehalten wurde, versteht sich von selbst. Die Schriftrichtung ist (meistens) von rechts nach links.

Das ägyptische Zahlsystem stammt schon aus dem alten Reich und ist nie wesentlich verändert worden. Die Abbildung des Keulenknaufs des Königs Narmer (um 3000 v. Chr., vielleicht identisch mit König Menes) zeigt, in Analogie zu Abb. 7, einen Text in Bilderschrift und hieroglyphischen Zahlzeichen.

Abb. 10: Keulenknauf des Königs Narmer (Ausschnitt). Die Darstellung ist bis auf die Zahlen noch rein bilderschriftlich; Zahlen in Hieroglyphen: 400000 Rinder, 1422000 Ziegen, 120000 Gefangene [Gericke 1984, S. 15].

Die mathematischen Quellen Ägyptens sind in hieratischer Schrift verfasst (vgl. Abschnitt 1.1). Abbildung 11 zeigt, dass die Zehnerpotenzen den hieroglyphischen Zeichen ähnlich sind, allerdings nach Art einer Handschrift vereinfacht. Dagegen haben die Zwei- bis Neunfachen dieser Potenzen eigene Zeichen, die kaum noch an die ursprüngliche Praxis des Nebeneinanderschreibens des Zeichens für die Zehnerpotenz erinnern.

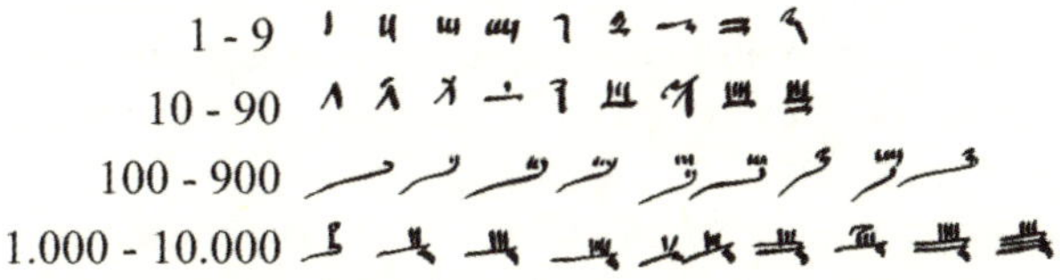

Abb. 11: Hieratische Zahlzeichen.

Wenden wir uns nach Indien, so finden wir erstmals die oben schon angesprochenen Hybridsysteme, Mischungen aus additivem und multiplikativem Bau. Während aus der alten Induskultur des 3. Jahrtausends v. Chr. zwar Schriftzeichen zutage gefördert wurden, unter ihnen auch solche, die vermuten lassen, dass es sich um Zahlzeichen handelt, die aber bis heute nicht entziffert werden konnte, finden wir zwei Zahlschriften nicht viel früher als im 4. Jahrhundert v. Chr. Beide Ziffernsysteme sind auf Inschriften des Kaisers Ashoka aus der Mitte des 3. Jahrhunderts v. Chr. nachgewiesen.

Eine dieser Schrifttafeln ist in Kharoshthi-Schrift verfasst. Diese Schrift, einschließlich der Zahlzeichen, fand nur regionale Verbreitung in der Indusregion und den angrenzenden Gebieten bis zum Ausgang der Antike. An den Beispielen in Abb. 12 erkennt man, dass es sich um ein additives System mit Individualzeichen für 1, 4 und 10 handelt; die 20 setzt sich offensichtlich aus zwei übereinander geschriebenen Zehnern zusammen. Die Hunderter werden multiplikativ aus den Zeichen für Hundert und den Einern als hundert mal eins, hundert mal zwei usw. gebildet. Ließe man das Zeichen für Hundert weg und beachtete man die Position, so wäre man nahe an einem Stellenwertsystem – aber eben nur nahe, denn bei den Zehnern wurde dieses Bildungsgesetz nicht angewandt; stattdessen wurden diese additiv aus den Zeichen für 10 und 20 gebildet. Geschrieben wurden die Zahlen von rechts nach links, wie es Abb. 12 am Beispiel 122 und 274 zeigt.

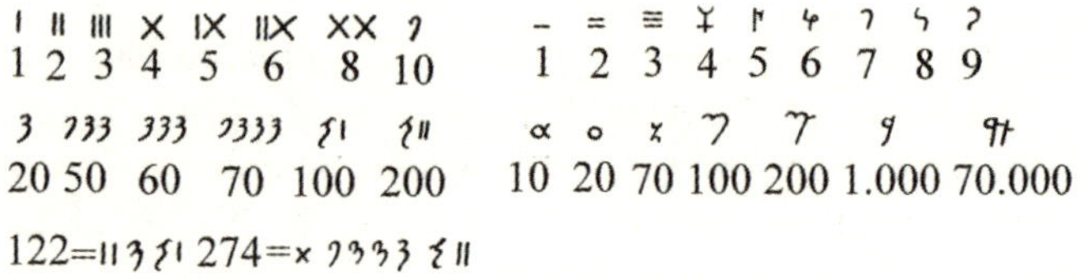

Abb. 12: Links: Kharoshthi-Ziffern, rechts: Brahmi-Ziffern.

Etwa in der gleichen Zeit trat ein Ziffernsystem auf, das man mit Fug und Recht als Vorläufer unseres heutigen westeuropäischen Systems bezeichnen kann, die nach der gleichnamigen Schrift benannten Brahmi-Ziffern (Abb. 12 rechts).

Im Gegensatz zur Kharoshthischrift war die Brahmischrift von überregionaler Bedeutung und – in zahlreichen Varianten und Ablegern – von langer Lebensdauer. Zwar war in der Brahmischrift die Verzifferung der Zehner eher ein Rückschritt gegenüber dem Kharoshthisystem, dafür erhielten hier die ersten neun Ziffern individuelle Zeichen, was im Hinblick auf ein Dezimalsystem von Vorteil ist. Die Hunderter wurden wie bei dem Kharoshthisystem gebildet.

Für China gab es erste schriftliche Zeugnisse aus der Shang-Zeit (2. Hälfte 3. Jahrtausend v. Chr.). Ende des vorigen Jahrhunderts hat man tausende von Knochen aus dieser Epoche gefunden, von denen einige mit Zahlzeichen versehen sind. Vermutlich handelt es sich bei diesen Funden um Orakelknochen, auf dem die Fragen an das Orakel verzeichnet waren. (Die Knochen wurden erhitzt, und aus den auftretenden Sprüngen leitete man die Antworten ab.) Die Zahl 656 zum Beispiel (vgl. Abb. 13) wurde in dieser „Orakelschrift" geschrieben als 6 Hunderter (plus) 5 Zehner (plus) 6 (Einer). Das gleiche Prinzip wird in der modernen Schrift angewandt. [Gericke 1984, S. 286]

Abb. 13: Die Zahl 656 in Orakelschrift (links) und moderner Schrift (rechts)

An diesem Beispiel erkennt man, dass die Schreibweise dezimal ist, dass es sich aber nicht um ein Positionssystem handelt; denn die Einer, Zehner, Hunderter usw. sind nicht (allein) durch ihre Stelle, sondern durch ein besonderes Zeichen kenntlich gemacht. Eine Null ist bei allen diesen Hybridsystemen offenbar nicht nötig. Ein besonderes Zeichen für die Null (ein Lückenzeichen also) tritt in China frühestens im 8. Jahrhundert n. Chr. auf, in gedruckter Form erst im 13. Jahrhundert, zuerst als Punkt, dann auch als kleiner Kreis.

Diese genannten chinesischen Zahlschriften dienten lediglich der Zahlnotation, nicht aber zum Rechnen. Zur Ausführung der Rechenoperationen kommen wir im übernächsten Abschnitt.

2.2 Der Weg der indischen Ziffern ins Abendland

Wie oben erwähnt, setzten sich im größten Teil Indiens etwa seit der Ashoka-Zeit, also dem 3. Jahrhundert v. Chr., die Brahmi-Ziffern durch. Die folgende Abbildung zeigt die ersten neun Einheiten einer der vielen Varianten, die unseren heutigen Ziffern am nächsten stehen.

Abb. 14: Diverse Nachfolger und Varianten der Brahmi-Ziffern.

Diese Zeichen haben sich bereits von jeder Anschauung (Striche für Einheiten o. ä.) gelöst [Ifrah, S. 486]. Von einem Positionssystem kann allerdings noch keine Rede sein. Die Zehner, Hunderter, Tausender wurden noch durch besondere Zeichen dargestellt, wie Abb. 15 am Beispiel 7629 zeigt.

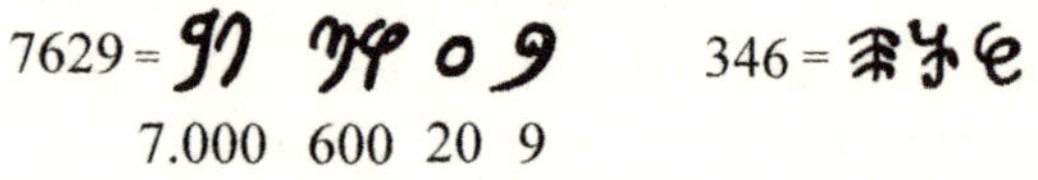

7629 = 𝟿𝟣 𝟽𝟫 o 𝟫   346 = ✲�𝟨ℯ
7.000 600 20 9

Abb. 15: Zahldarstellung vor Einführung des Positionssystems (links) und im Positionssystem (rechts).

Erst seit dem 5. Jahrhundert n. Chr. hat es sich eingebürgert, dass man die Sonderzeichen für die Zehner, Hunderter, Tausender usw. wegließ, wodurch der erste Schritt auf dem Weg zu einem dezimalen Positionssystem geschaffen war. Das älteste Zeugnis dafür ist eine Urkunde, auf der die Jahreszahl 346 wie in Abb. 15 vermerkt ist.

Beliebt und weit verbreitet war in Indien eine Zahlschrift, die an Stelle von Ziffern Zahlwörter verwandte. Zum Beispiel:

301 = eka sunja tri

Hier bedeutet tri drei, sunja null, eka eins. Tatsächlich scheint die Null zuerst als Zahlwort aufgetreten zu sein, und zwar durch das Wort „sunja", das so viel wie „Leere" bedeutet. In dieser Art tritt ein vollständiges dezimales Positionssystem bei Aryabhata und Brahmagupta im 6./7. Jahrhundert n. Chr. auf (vgl. 1.1). Hier wird mit „sunja" tatsächlich auch gerechnet wie mit anderen Zahlen. Bei der Übersetzung ins Arabische wurde „sunja" zu „as-sifr", woraus sich unser Wort „Ziffer" ableitet.

Das älteste Dokument, auf dem sich ein Zeichen für Null findet, ist in Worten auf das Jahr 932 datiert, in unserer Zeitrechnung 876 n. Chr. Es besteht aus einem Sanskrit-Text mit Versen, dessen Strophen wie in Abb. 16 durchnummeriert sind:

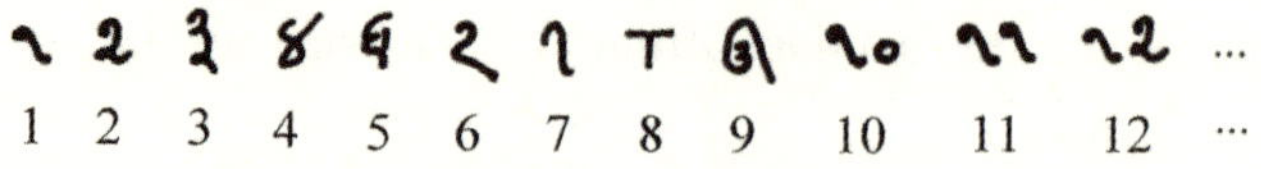

𝟣 𝟤 𝟥 𝟪 𝟫 𝟤 𝟣 T 𝟨 ꞁo ꞁꞁ ꞁ𝟤 ...
1 2 3 4 5 6 7 8 9 10 11 12 ...

Abb. 16: Zahlen aus einem Sanskrittext, 2. Hälfte 9. Jh. n. Chr.

Etwa gleichaltrig ist eine Inschrift aus Gwalior in Nordwestindien, auf der sich die Zahlen 933, 270, 187 und 50 in Positionsschreibweise befinden. [Ifrah, S. 487]

933   270   187   50

Abb. 17: Zahlen in Positionsschreibweise, 2. Hälfte 9. Jh. n. Chr.

In nichtmathematischen literarischen Quellen gibt es Hinweise darauf, dass das dezimale Positionssystem in Indien bereits in den ersten Jahrhunderten n. Chr. bekannt war. Sicher ist, dass die indischen Ziffern und das Rechnen im dezimalen Positionssystem – einschließlich der dafür notwendigen Rechenregeln mit der Null – seit dem 7. oder 8. Jahrhundert n. Chr. auch außerhalb Indiens bekannt waren. Um 760 finden sich die Ziffern in einem Text des arabischen Mathematikers Ibn Hayyan; vorher war bei den Arabern – wie allgemein im östlichen Mittelmeerraum – das griechische System der Buchstabenzahlen in Gebrauch (vgl. Abschnitt 4.5).

Das älteste bisher bekannte arabische Dokument mit indischen Ziffern ist ein Papyrus aus dem Jahr 873/74 n. Chr. Die Null ist darin durch einen Punkt dargestellt. Von da an verbreiteten sich das Zahlsystem und die indische Schreibweise im gesamten arabischen Einflussbereich [Folkerts, S. 3]. Dabei fand eine Trennung der Ziffernschreibweise statt. Im Osten wurde die Schreibweise an die arabische Schrift angepasst, im Westen (Nordafrika und Spanien) wurden die Brahmiziffern im Wesentlichen übernommen.

Mit der Übersetzungswelle arabischer Werke ins Lateinische, die im 12. Jahrhundert in Toledo begann, verbreitete sich die Kenntnis rasch im Abendland. Daraus folgte aber nicht, dass die Kaufleute die neuen Ziffern schnell aufgenommen hätten. Vielmehr stieß die Einführung in der Geschäftswelt auf erhebliche Widerstände, weil die Anwendung dieser Symbole die Kaufmannsbücher angeblich schwer lesbar machen würde und Verwechslungen zu befürchten seien. Im Jahr 1299 wurden die Geldwechsler von Florenz gar verpflichtet, ausschließlich römische Zahlen zu verwenden. Erst im Laufe des 14. Jahrhunderts begannen italienische Kaufleute, die indisch-arabischen Ziffern in ihren Kontobüchern zu verwenden, aber erst am Ende des Jahrhunderts kamen nur noch die neuen Ziffern in allen Kontobüchern der Medici zur Anwendung.

An den Universitäten konnte sich das neue System vorläufig nicht etablieren; stattdessen wurden die Methoden in städtischen oder privaten Rechenschulen gelehrt und weiterentwickelt. Die Lehrer an diesen Schulen hatten keinen Bezug zur Universität sondern bildeten eine Art eigener Gilde: die der „Rechenmeister" in Deutschland oder der „Maestri del'Abaco" in Italien.

2.3 Die Grundrechenarten

Addition und Subtraktion werden in den alten Quellen nicht erläutert, sie gehören offenbar zum Grundbestand der mündlichen (kindlichen?) Unterweisung und bedürfen daher in mathematischen Texten keiner schriftlichen Erläuterung. Außerdem unterliegen einmal gefundene Algorithmen im Grunde keiner Veränderung. In einem additiven Zahlsystem sind es an und für sich auch keine eigenen Rechenarten, da es sich nur um ein Abzählen, ein Zusammenfügen oder Wegnehmen handelt. Allein die Notwendigkeit des Bündelns oder Entbündelns beim Übertritt einer Schwelle ist zu beachten. Bei diesen Rechnungen ist auch einerlei, ob sie schriftlich wie in Ägypten, Babylon und später in Indien, oder auf dem Rechenbrett wie in China und im frühen Indien ausgeführt werden. Während in Ägypten auf Papier gerechnet wurde und in Babylon auf weichen Tontafeln, bediente man sich in Indien – vermutlich wegen der Kostbarkeit des Papiers oder anderer möglicher Schreibmaterialien – der sogenannten „Staubtafeln". Diese Praxis, mit einem angespitzten Holzstäbchen auf einer mit Sand oder Ähnlichem bestreuten Tafel zu schreiben, hat gegenüber Papier und Tontafeln den Vorteil, dass man nicht mehr benötigte Ziffern oder Zwischenrechnungen – zum Beispiel nach einem Übertrag – leicht entfernen konnte. Die Staubtafel wurde aber nicht nur zum Rechnen, sondern auch zum Zeichnen geometrischer Figuren verwandt. Noch in der Spätantike war sie, wenn nicht in Gebrauch, so doch zumindest in Erinnerung. Der Römer Martianus Capella (um 400 n. Chr.), ließ in seinem Werk „Die Hochzeit der Philologie mit Merkur" die Dame *Geometria* mit einer Staubtafel in Händen im göttlichen Festsaal erscheinen.

Bei der Multikation und Division trennen sich die Wege, bedingt durch die verschiedenen Zahlsysteme, aber auch durch andere Eigenentwicklungen der verschiedenen Kulturkreise.

Beginnen wir mit der Multiplikation. In jedem Positionssystem kann man genau so rechnen, wie wir das heute in unserem Dezimalsystem tun, das heißt, es werden alle Stellen einzelnen miteinander multipliziert und die Produkte unter Beachtung einer Stellenregel addiert. Im Dezimalsystem hat man die Zahlen von 1 bis 9 als Zwischenrechnung „im Kopf" zu multiplizieren, was vergleichsweise einfach ist, im 60er-System sind es die Zahlen 1 bis 59, weshalb wohl auch einem geschickten Rechner eine Hilfe willkommen gewesen sein mag. So dachten wohl auch die Babylonier und haben sich zu diesem Zweck Multiplikationstabellen angelegt.

Die Ägypter setzten das additive Prinzip ihres Zahlsystems konsequent in der Rechenpraxis fort. Das kann zunächst als ganz natürlich angesehen werden, da eine Multiplikation mit einer ganzen Zahl n ja nichts anderes ist, als die n-malige Addition der Zahl zu sich selbst. So haben es die Ägypter wohl auch gesehen, aber sie haben sich einen Algorithmus ausgedacht, der von einer beachtlichen mathematischen Einsicht zeugt. Wegen des generellen Interesses wollen wir einen kurzen Blick darauf werfen.

Das folgende Beispiel zeigt eine Multiplikation, wie sie an vielen Stellen in den ägyptischen Quellen zu finden ist, hier am Beispiel $13 \cdot 15$.

	1	15
	2	30
	4	60
	8	120
zusammen	13	195

Man durchschaut das Verfahren auf den ersten Blick. Die Zahlen in den beiden Spalten entstehen, beginnend mit 1 und 15, durch fortlaufende Verdoppelung. Die Striche links zeigen an, welche Zweierpotenzen zusammen 13 ergeben. Danach werden die entsprechenden Zahlen in der rechten Spalte zum Ergebnis addiert.

Der Hintergrund ist der, den Multiplikator, hier 13, als Summe von Zweierpotenzen darzustellen, also im Dualsystem, das wir oben kurz erläutert haben. Gerechnet wird dann (in unserer Terminologie):

$$13 \cdot 15 = (1 + 2^2 + 2^3) \cdot 15 = 15 + 60 + 120 = 195 .$$

Wir wissen heute – und können es beweisen –, dass sich jede Zahl im Dualsystem darstellen lässt. Ob es auch dem ägyptischen Rechner klar war? Offenbar war es für ihn so etwas wie eine Erfahrungstatsache,

einen Beweis oder eine Begründung konnte (und wollte) er dafür sicher
nicht geben.

Wenden wir uns der Division zu. Beim Vergleich mit den Ägyptern
wird hier besonders deutlich, wie allein das Zahlsystem den Fortgang
der Mathematik im Ganzen beeinflussen kann. Die Babylonier sind auch
bei dieser, der schwierigsten und aufwendigsten der Grundrechenarten,
aufgrund ihres Positionssystems entschieden im Vorteil. Für sie ist Division nichts anderes als eine Multiplikation mit dem Inversen, also

$$m : n = m \cdot \frac{1}{n}.$$

Zu diesem Zweck haben sie „Reziprokentabellen" berechnet, in denen
die Inversen von einer Auswahl natürlicher Zahlen als Sexagesimalzahlen verzeichnet sind (und die man auch als Multiplikationstabellen benutzte). Mit ihrer Hilfe wandelte sich die Division zu einer Multiplikation von Sexagesimalzahlen. Beispiel: $5 : 2 = 5 \cdot 0;30 = 2;30$ (Das
Inverse von 2 ist $1/2 = 30/60$, sexagesimal also 0;30.)

Wenn das Inverse einer Zahl zu einem unendlichen Sexagesimal-
bruch führt, wie das beispielsweise bei 1/7 der Fall ist, so rechnete man
(wie das der Praktiker auch heute noch macht) mit Näherungen. Eine
eigene Bruchrechnung benötigten die Babylonier also nicht. Hier tritt
ein besonderer Vorteil des Sexagesimalsystems gegenüber dem Dezimalsystem zutage: Da die Zahl 60 mehr Teiler besitzt als 10, führen
„mehr" Brüche zu endlichen Entwicklungen, nämlich genau diejenigen,
deren Nenner keine anderen Primteiler besitzen als 2, 3 und 5. Beispielsweise hat 1/3 eine unendliche (wenn auch periodische) Dezimal-
bruchentwicklung, im Sexagesimalsystem aber die endliche Darstellung
0;20 (= 20/60).

Den Ägyptern stellte sich die Division – wie auf Grund des additiven
Zahlsystems zu erwarten – anders dar. Betrachten wir wieder ein Beispiel, und zwar 195 : 15. Der Ägypter sagt: „Rechne mit 15, bis du 195
erhältst." In unseren Worten ist das wohl in etwa gleichbedeutend mit
der Frage: „Wie oft ist 15 in 195 enthalten?" So lernen es die Kinder
auch heute noch. (In späterer Zeit, aber auch schon im Papyrus Rhind,
zum Beispiel in Aufgabe 67, wird mit dem Kehrwert multipliziert, was
auf babylonischen Einfluss schließen lässt. [Vogel Teil I, S. 51f.])

Hier ist die Division als Umkehrung der Multiplikation zu erkennen.
Ging die Division auf, wie im vorstehenden Beispiel, so konnte man
nach dem gleichen Algorithmus verfahren wie bei der Multiplikation,

nur hatte man zuerst in der rechten Spalte diejenigen Zahlen zu suchen und zu markieren, die zusammen 195 ergeben und die betreffenden Zahlen in der linken Spalte zum Ergebnis aufzusummieren.

Dieser Divisionsalgorithmus funktioniert natürlich nur, wenn die Division aufgeht. Ist das nicht der Fall, benötigt der Ägypter eine Bruchrechnung. Sie ist das Glanzstück der ägyptischen Rechenmethoden, wenn nicht der ägyptischen Mathematik überhaupt. Sie ist ebenso skurril wie schwerfällig und (vielleicht deshalb) ohne Beispiel in der Geschichte des Rechnens.

Zunächst ist es wichtig festzustellen, dass die Ägypter nur Stammbrüche (Zähler = 1) kannten, mit Ausnahme von 2/3. Die Hieroglyphen zeigen das Zeichen für „Teil" als eine Art Bruchstrich und darunter die Zahl, die wir als Nenner bezeichnen. (Da der Zähler – außer bei 2/3 – stets 1 ist, kann auf dessen Angabe verzichtet werden.) Abb. 18 zeigt einige Beispiele in hieroglyphischer Schreibweise. Dabei ist bemerkenswert, dass das Zeichen für 1/2 ein Sonderzeichen ist und das eigentlich zu erwartende Zeichen für 1/2 als Symbol für 2/3 verwandt wurde. Man erinnert sich in diesem Zusammenhang vielleicht daran, dass „Halbieren" und „Verdoppeln" immer besondere Rechenarten waren. Man erkennt das noch an unserem Sprachgebrauch: es heißt ja „einhalb" und nicht etwa „ein Zweitel"; auch im Wort „Verdoppeln" erkennt man nicht den Faktor zwei.

1/2   1/3   2/3   1/10

Abb. 18: Hieroglyphische Bruchdarstellungen.

Wir notieren im Folgenden die Stammbrüche – einschließlich 1/2 – in Anlehnung an die hieroglyphische Schreibweise durch Angabe des Nenners mit einem Überstrich, 2/3 als doppelt überstrichene 3; Summen werden wie in den Quellen durch Nebeneinanderschreiben der Summanden notiert, also ohne Plus-Zeichen (wie das bei uns im Fall gemischter Zahlen noch üblich ist).

Brüche in unserem Sinne, wie etwa 4/15, wurden vom ägyptischen Rechner stets als Divisionsaufgaben aufgefasst, also als 4 : 15. Das Ergebnis einer solchen Division konnte nur eine Summe von Stammbrüchen sein („ägyptische Bruchdarstellung"). Bei der Aufgabe 4 : 15 könnte der ägyptische Rechner etwa folgendermaßen vorgegangen sein.

$$
\begin{array}{rcc}
 & 1 & 15 \\
 & \overline{10} & \overline{1}\,\overline{2} \\
| & \overline{5} & 3 \\
| & \overline{15} & 1 \\
\hline
 & \overline{5}\,\overline{15} & 4
\end{array}
$$

Als Ergebnis erhielt er die Stammbruchsumme $4:15 = \overline{5}\ \overline{15}$. Die Divisionen sind also nach unserem Verständnis nichts anderes als die Zerlegung eines „Bruches" in Stammbrüche.

Die Zerlegung von Brüchen in Stammbrüche ist, wie wir heute wissen, stets möglich; dem Ägypter wird dieses Problem, ebenso wenig wie das der Zerlegung einer ganzen Zahl in Zweierpotenzen, vermutlich gar nicht in den Sinn gekommen sein – es ging eben immer, das lehrte die Erfahrung. Dagegen war ihm – sicher auch aus Erfahrung – klar, dass die Darstellung nicht eindeutig bestimmt ist. Zum Beispiel ist $2:5 = \overline{8} + \overline{120} = \overline{9} + \overline{45} = \overline{10} + \overline{30}$. In diesem Fall hat er die Zerlegung $2:15 = \overline{10} + \overline{30}$ gewählt und in die sogenannte „2 : n-Tabelle" aufgenommen, die am Anfang des Papyrus Rhind steht und für alle ungeraden n von 3 bis 101 eine Stammbruchzerlegung von 2 : n angibt.

Hier einige Beispiele aus dieser Tabelle

$$2:23 = \overline{12}\ \overline{276}, \quad 2:83 = \overline{60}\ \overline{332}\ \overline{415}\ \overline{498},$$

$$2:91 = \overline{70}\ \overline{130}, \quad 2:101 = \overline{101}\ \overline{202}\ \overline{303}\ \overline{606}$$

Wozu die Tabelle gedient hat, kann mit einiger Sicherheit beantwortet werden: zum Verdoppeln der Stammbrüche, da die Multiplikation von Stammbrüchen ebenso wie die Multiplikation allgemein auf Verdoppeln zurückgeführt wurde.

Wie die Zerlegungen berechnet wurden und welche der vielen Möglichkeiten jeweils ausgewählt wurde, ist bis heute ein Rätsel. Ein System ist nur bei den Divisionen 2 : $3n$ zu erkennen; die hierfür gewählten Zerlegungen haben alle die Gestalt $2:3n = \overline{2n} + \overline{6n}$.

Wenn einem aufmerksamen Schreiber klar wurde, dass ein und dieselbe Divisionsaufgabe in verschiedenen Rechnungen (meistens) zu verschiedenen Stammbruchzerlegungen führt, so wird er sich doch gewiss die Frage gestellt haben, wie man denn zu einer möglichst „kurzen" Zerlegung, das heißt zu einer mit möglichst wenig Summanden, kommen kann. Und tatsächlich gibt es ein solches Verfahren. Es ist die im Papyrus Rhind mit Stolz entwickelte „Methode der roten Hilfszahlen". Sie entspricht unserem Verfahren der Addition von Brüchen, allerdings mit einem, für die Praxis bedeutenden Unterschied: Als gemeinsamer Nenner der zu addierenden Brüche wird in der Regel der größte Nenner gewählt. Die „Zähler" der auf diesen gemeinsamen Nenner gebrachten Brüche wurden in roter Tinte geschrieben, weshalb sich bei uns die Bezeichnung „Methode der roten Hilfszahlen" eingebürgert hat. Auch hierzu ein Beispiel:

Die roten Hilfszahlen der Stammbruchsumme $\overline{16}\ \overline{32}\ \overline{64}\ \overline{72}\ \overline{576}$ sind 36, 18, 9, 8, 1 (weil 1/16 = 36/576 usw.) Sodann bestimmte der Rechner deren Summe, hier 72. Die gegebene Stammbruchsumme ist also, in unserer Terminologie, gleich 72/576 ; der Ägypter musste dies wiederum durch eine Division in Stammbrüche zerlegen, und mit etwas Glück erhielt er dann eine kürzere Zerlegung, in unserem Beispiel $\overline{8}$. Die Stammbruchsumme in diesem Beispiel ist also selbst ein Stammbruch, nämlich $\overline{8}$.

Wir haben die ägyptische Arithmetik so ausführlich dargestellt, weil sie einerseits einzig in der Mathematikgeschichte ist, und sie uns andererseits doch recht fremd erscheint, obwohl die Einzelheiten für sich interessant sind und in unserer Mathematik wiederkehren.

Diese Kenntnisse – dazu noch die Geometrie, die wir im nächsten Kapitel behandeln – haben sich die ägyptischen Schreiber schon im Alten Reich erworben und niemals verändert oder erweitert.

In China geschah das Rechnen, wir haben am Ende des vorigen Abschnitts darauf hingewiesen, mindestens seit dem 2. Jahrhundert v. Chr. und bis in die neueste Zeit hinein, durch Hinlegen von Stäbchen auf einem Rechenbrett.

Das Rechenbrett war in Spalten eingeteilt, die rechte Spalte für die Einer, die nächste für die Zehner usw. Der Übersichtlichkeit halber wurden aber nicht, wie sonst üblich, bis zu neun Stäbchen in eine Spalte gelegt (so handhaben es auch die neuzeitlichen Rechenmeister in Westeuropa mit den Rechenpfennigen), stattdessen figurierte man die Stäbchen wie folgt:

Abb. 19: Chinesische „Stäbchen-Ziffern" für den Gebrauch auf dem Rechenbrett.

Die Zeichen der oberen Reihe wurden für die geraden Zehnerpotenzen (Einer, Hunderter usw.), die Zeichen der unteren Reihe für die ungeraden Zehnerpotenzen (Zehner, Tausender usw.) benutzt. Das Rechnen auf dem Rechenbrett in China bietet keine Besonderheiten gegenüber der üblichen Praxis, die Einträge in den Spalten nacheinander abzuarbeiten. Sogar Quadrat- und Kubikwurzelziehen wurde mit Stäbchen auf dem Rechenbrett ausgeführt.

In China hatte man sowohl gewöhnliche Brüche als auch Dezimalbrüche. Der allgemeine Bruch m/n wurde aufgefasst als „m n-te Teile". Besondere Bezeichnungen gab es für einige häufig benutzte Stammbrüche wie beispielsweise 1/2, 1/3, aber auch für 2/3. Vollständige Regeln für das Bruchrechnen, einschließlich des Kürzens, waren vorhanden. Sogar der heute sogenannte „Euklidische Algorithmus" zur Bestimmung des größten gemeinsamen Teilers war bekannt und wurde praktiziert.

Auch in Indien wurde, wie oben schon erwähnt, in alten Zeiten auf dem Rechenbrett gerechnet, was für Mesopotamien und Ägypten nicht überliefert ist. Die Zahlen wurden mit den Gehäusen der Kaurischnecke (die auch als Zahlungsmittel verwandt wurden) in Spalten nach Einern, Zehnern, Hunderten usw. ausgelegt: jeweils bis zu neun längliche Muscheln in einer Spalte, oder (vielleicht erst in jüngerer Zeit, als die Null bereits in der Zahlschreibweise benutzt wurde) mit einer runden Muschel für eine Leerstelle, was auf dem Rechenbrett eigentlich unnötig ist, jedenfalls wenn die Spalten eingezeichnet sind.

Mit der zunehmenden Verbreitung des dezimalen Stellenwertsystems in jüngerer Zeit ging man in Indien zu schriftlichen Rechenverfahren über, von denen viele verschiedene nebeneinander existierten. Wir erwähnen nur eines, das sich bis weit in die Neuzeit hinein in Europa gehalten hat. Dazu wurde die Staubtafel in Felder aufgeteilt, ungefähr so, wie es die folgende Tabelle am Beispiel der Multiplikation 135·12 zeigt. Nachdem die Zwischenwerte wie abgebildet bestimmt und eingetragen waren, wurden die Zahlen in den diagonalen Reihen zusammengezählt, was an diesem Beispiel 1 / 5 / 12 / 0 ergibt. Nun musste noch der Übertrag bei der Zwölf gemacht werden und man hatte das Ergebnis 1620.

Indien hatte eine perfekte Bruchrechnung, bei der sogar die Bezeichnung des allgemeinen Bruches der unsrigen entsprach; man schrieb den Zähler über den Nenner, aber ohne Bruchstrich. [Juschkewitsch, S. 113]

2.4 Proportionale Verteilungen, Zinsrechnungen, Dreisatz

Einen großen Anteil der Aufgaben im Papyrus Rhind und im Papyrus Moskau bilden die sogenannten „Brot- und Bieraufgaben". Dabei handelt es sich, wie der Name sagt, um die Verteilung von Brot oder Bier und um die Mischungsverhältnisse der Bestandteile. Diese beiden Lebensmittel waren Grundnahrungsmittel und dienten in der Naturalwirtschaft Ägyptens als Geldersatz. Den Arbeitern stand als Lohn zum Lebensunterhalt eine bestimmte Menge davon zu, über die Verteilung wachten die Vorsteher der Schatzhäuser. [Imhausen, S. 15]

Die einfachste Form dieses Aufgabentyps ist Nr. 73 im Papyrus Rhind:

„Wenn dir gesagt wird, 100 Brote der Stärke 10 ausgetauscht gegen Stärke 15, wie viel gibt es dafür?" [Vogel Teil I, S. 49]

Vorher wird angegeben, dass „100 Brote der Stärke 10" aus $10 = 100 : 10$ Scheffel Mehl bestehen. Das ist der Schlüssel zur Bedeutung des Begriffs „Stärke" oder „pesu", den man am treffendsten mit „Backverhältnis" übersetzt. Es gilt demnach

Backverhältnis
= Anzahl der Brote : Anzahl Scheffel Getreide für deren Herstellung
= Anzahl der Brote, die aus einem Scheffel Getreide gebacken werden

Anstelle einer Anzahl von Broten kann hier ebenso eine Anzahl von Krügen Bier stehen.

Die Aufgaben dieser Gattung können recht kompliziert werden. Im Moskauer Papyrus Nr. 24 zum Beispiel sollen 15 Scheffel Gerste umgerechnet werden zu 200 Broten unbekannter Stärke (x) sowie zu 10 Krügen Bier, deren Stärke 1/10 der Stärke des Brotes ist. Gerechnet wird (in dieser Reihenfolge): $1 : 1/10 = 10$, $10 \cdot 10 = 100$, $200 + 100 = 300$, $300 : 15 = 20 =$ Stärke der Brote, $20 \cdot 1/10 = 2 =$ Stärke des Bieres.

Die Folge dieser Rechenschritte entspricht genau dem Lösungsgang der folgenden Gleichung

$$\frac{10}{1/10} + 200 = 15x\,.$$

Tatsächlich kann man alle Aufgaben dieses Typs auf simple Hau-Rechnungen reduzieren (vgl. 2.6). Ob so gedacht wurde, lässt sich kaum mehr beurteilen. Auf jeden Fall zeugen die Aufgaben davon, dass man sich durch sie gründlich in das Denken und Arbeiten mit Verhältnissen und Proportionen (Verhältnisgleichungen) eingefunden hat; das wird sich in den weiteren Untersuchungen bestätigen.

Brot und Bieraufgaben oder analoge Verteilungsprobleme finden sich in den babylonischen Quellen nicht, obgleich man im Zweistromland ebenso vor der Aufgabe stand, große Arbeiter- und Soldatenheere mit Lebensmitteln zu versorgen. Hier wird das Arbeiten mit Verhältnissen auf andere Weise belegt.

Auf Texttafeln aus dem altbabylonischen Reich [VAT 8528 und VAT 8521] geht es um vergleichsweise komplizierte Zins- und Zinseszins-rechnungen. Eine davon lautet:

> „Eine Mine [= 60 Schekel] Silber habe ich zum Zinssatz von 12 Schekel [20 %] verliehen. Kapital und Zins, ein Talent [= 60 Minen], vier Minen; Wie viele Tage haben sich angesammelt?"

Der Rechner findet, dass das genannte Kapital nach 30 Jahren erreicht wird. Dabei geht er davon aus, dass die Zinsen nur alle fünf Jahre gutge-schrieben werden, wenn sich also das Kapital jeweils verdoppelt hat. Nach $5n$ Jahren hat sich demnach das Anfangskapital um den Faktor 2^n vermehrt, nach $30 = 5 \cdot 6$ Jahren also auf $2^6 = 64$ Minen. An Logarith-men zur Basis 2 hat der Rechner hier gewiss nicht gedacht (es ist $6 = \log_2 64$). [Pichot, S. 72]

Ein viel einfacherer Gedankengang liegt dem Dreisatz, auch „Regel von den Dreien" und später *regula detri* genannt, zugrunde. Wegen ihrer einfachen Struktur, vor allem aber wegen ihrer universellen und regel-haften Einsetzbarkeit hat sie sich in allen Regionen und durch alle Epo-chen hindurch verbreitet. Sie kommt vor allem in kaufmännischen Rechnungen vor, aber auch häufig in der Unterhaltungsmathematik. Ein Beispiel hierzu haben wir in Abschnitt 1.6 erwähnt, nämlich aus den chinesischen „Neun Büchern" die Aufgabe 14 in Buch VI von einem Hund, der einen Hasen verfolgt:

„Jetzt war ein Hase zuerst 100 Schritt gelaufen. Ein Hund verfolgte ihn auf 250 Schritt. Er erreichte ihn nicht um 30 Schritt und blieb stehen. Frage: Wieviel hätte der Hund, wenn er nicht stehengeblieben wäre, weiter laufen müssen, um ihn zu erreichen?"

Lösung:

1. Um 70 Schritt aufzuholen benötigt der Hund 250 Schritt;

2. Um 1 Schritt aufzuholen, benötigt er $250 : 70 = 3\frac{4}{7}$ Schritt;

3. Um 30 Schritt aufzuholen benötigt er $3\frac{4}{7} \cdot 30 = 107\frac{1}{7}$ Schritt.

Dreisatzaufgaben sind immer echte Proportionsaufgaben. Gegeben sind drei Größen a, b, c, gesucht ist die Größe x gemäß der Proportion $a : b = x : c$ oder $\frac{a}{b} = \frac{x}{c}$. In der vorstehenden Aufgabe ist $a = 250$, $b = 70$, $c = 30$.

2.5 Arithmetische und geometrische Folgen und Reihen

Endliche Folgen und Reihen kommen in den Quellen aller frühen Hochkulturen häufig vor. Fast immer handelt sich um Anwendungen arithmetischer Folgen, also Zahlenfolgen der Form $a, a+d, a+2d, \ldots$ mit einem Anfangsglied a und einer Differenz d. Dagegen sind geometrische Folgen $a, aq, aq^2, \ldots$ selten oder sie werden durch direkte Addition der wenigen Glieder erledigt; der Quotient q ist dann meistens 2.

Wir geben im Folgenden einige Beispiele, die als typisch gelten können für viele andere, sowohl in Ägypten als auch in Babylon, China und Indien. Bei den Lösungen der verschiedenen Aufgaben wird häufig ein Weg beschritten, der sich unmittelbar in eine uns geläufige Formel übertragen lässt. Allerdings ist es sehr wahrscheinlich, dass nicht eine bestimmte Regel verfolgt wurde (wie etwa im Fall von Gleichungen, vgl. den folgenden Abschnitt), dass vielmehr in jedem einzelnen Fall wieder ganz neu überlegt werden musste.

Zunächst eine Aufgabe zum Thema geometrische Reihen, und zwar der einzigen im Papyrus Rhind. Sie bildet gewissermaßen eine Ausnahme zu der obigen Bemerkung und ist auch sonst von Interesse. Es handelt sich um Nr. 79:

„Inventar eines Haushaltes (?): 7 Häuser, 49 Katzen, 343 Mäuse, 2401 Ähren, 16807 Scheffel."

Diese Aufgabe findet sich durch alle Epochen hindurch bis heute in unzähligen Büchern in verschiedenen Einkleidungen, meistens in folgender Interpretation, wie sie uns bereits in Abschnitt 1.6 begegnet ist:

> „In 7 Häusern sind je 7 Katzen, jede frisst 7 Mäuse, von denen jede 7 Ähren (Getreide) gefressen hat, jede Ähre gibt 7 Scheffel Korn. Wie lautet die Summe von allem?"

Als Lösung wird im Papyrus Rhind die Zahl 16807 angegeben, und es wird 2801 mit 7 multipliziert, macht 19607. Was hat das zu bedeuten?

Offensichtlich handelt es sich um die Summation der geometrischen Reihe 7, 49, 343, 2401, 16807 mit Quotient 7 (der erste Summand 1 fehlt). Das Ergebnis wird durch Addition der Folgenglieder ermittelt, was bei 5 Gliedern rasch als 19607 zu ermitteln ist. Die angegebenen Zahlen werden erst verständlich, wenn man die Summenformel $7 \cdot \frac{7^5-1}{7-1}$ kennt, denn dies ist $7 \cdot \frac{16807-1}{7-1} = 7 \cdot 2801 = 19607$. Wie der ägyptische Rechner auf diese Zahlen (und auf den Zusammenhang?) gekommen ist, das bleiben die Quellen uns schuldig; der Fantasie bleibt genügend Spielraum. [Becker, S. 29]

Arithmetische Reihen kommen, wie gesagt, in verschiedenen Einkleidungen und Anwendungen vor. Im Papyrus Rhind, Nr. 64 heißt es:

> „Wenn man dir sagt, 10 hekat Gerste für 10 Personen, die Differenz von jeder Person zu seinem Nachbarn ist 1/8." [Vogel Teil I, S. 57]

Es sollen also 10 Scheffel Gerste an 10 Leute verteilt werden, so dass die Anteile eine arithmetische Reihe bilden mit $d = 1/8$ Scheffel. Im Text wird gerechnet

$$1 + \frac{1}{2} \cdot \frac{1}{8} \cdot 9 = 1 + 9 \cdot \frac{1}{16} = 1 + \left(\frac{1}{2} + \frac{1}{16}\right)$$

(beachte: $9 \cdot 1/16 = (8+1)/16 = 1/2 + 1/16$). Dies entspricht genau unserer Vorgehensweise gemäß der Formel

$$a_n = \frac{s_n}{n} + \frac{1}{2}d(n-1) = \frac{10}{10} + \frac{1}{2} \cdot \frac{1}{8} \cdot 9.$$

Nachdem a_n so errechnet worden ist, werden die übrigen Glieder der Folge durch sukzessives Subtrahieren von 1/8 angegeben, schließlich wird zur Probe verifiziert, dass deren Summe 10 (hekat) ist.

Selbstverständlich kann aus der vorstehenden Rechnung nicht auf eine, über die spezielle Aufgabe hinaus anwendbare Regel geschlossen werden. Dagegen spricht, dass mehrere Probleme der gleichen Art ganz unterschiedlich bearbeitet werden.

Das folgende Problem Nr. 40 aus dem Papyrus Rhind wirft einige Fragen auf.

„100 Brote für 5 Personen. 1/7 der drei höheren den zwei niederen. Was ist die Differenz der Teile?"

Angegeben wird – ohne Erläuterung oder Begründung – die Zahlenfolge (*) $23, 17\frac{1}{2}, 12, 6\frac{1}{2}, 1$. Davon wird die Summe gebildet, das ist 60, und anschließend wird 100 durch 60 geteilt, was $1\frac{2}{3}$ ergibt. Schließlich werden alle Glieder der Zahlenfolge (*) mit $1\frac{2}{3}$ multipliziert und als Summe wird 100 ermittelt.

Was ist hier geschehen? Zur Konstruktion einer Übungsaufgabe könnte der Lehrer von der arithmetischen Folge (*) mit der Differenz $5\frac{1}{2}$ ausgegangen sein und bemerkt haben, dass die Summe $52\frac{1}{2}$ der ersten drei Glieder das siebenfache der Summe $7\frac{1}{2}$ der beiden letzten Glieder ist und sich nun die Aufgabe stellt, hieraus die Differenz zu ermitteln. Um die Schwierigkeit noch zu steigern, wird anstelle des Anfangs- oder Endgliedes der Folge deren Summe angegeben, die aber nicht 60, sondern 100 sein soll. Daher müssen am Ende alle Zahlen mit $100 : 60 = 1\frac{2}{3}$ multipliziert werden. Daraus kann wohl geschlossen werden, dass dem Aufgabensteller die Proportionalität ein geläufiger „Begriff" war. Ob ihm auch klar war, dass die (vorgegebene) Differenz in dem gleichen Verhältnis zu ändern ist? Merkwürdig ist ja, dass die Differenz, nach der in der Aufgabe explizit gefragt ist, gar nicht angegeben wird. Peet bemerkt dazu, dass es dem Praktiker am Ende ja mehr um die den einzelnen Personen tatsächlich zustehenden Brote ging als um die Differenzen [Peet, S. 107f.].

2.6 Lineare, quadratische und kubische Gleichungen

Während in der Arithmetik mit bekannten Größen gerechnet wird, die allerdings nicht von vornherein festgelegt sein müssen (heute werden sie durch Buchstaben bezeichnet), geht es in der Algebra um Größen, die zunächst unbekannt sind und auf der Grundlage gewisser – meistens arithmetischer – Bedingungen bestimmt werden sollen. Wir pflegen die Bedingungen in Form von Gleichungen anzugeben und aus diesen die Unbekannte(n) zu eliminieren. Dafür haben wir ein breitgefächertes

System von Algorithmen. In diesem Abschnitt soll ein Überblick gegeben werden über die Kenntnisse und Verfahren in den zu behandelnden Kulturkreisen.

Der einfachste Fall ist der einer linearen Gleichung mit einer Unbekannten, die wir auf die „Normalform" $ax = b$ zu bringen pflegen, wobei a und b zwei bestimmte, aber nicht von vornherein festgelegte Größen – in der Algebra meistens Zahlen – sind und x die unbekannte Größe ist, die es zu bestimmen gilt. An dieser Normalform erkennt man auf einen Blick, dass es genau eine Zahl x gibt, die der Bedingung (der Gleichung) genügt, und diese findet man durch Division: $x = b/a$.

So machten es auch die Babylonier. Lineare Gleichungen waren für sie gar kein Problem, da sie die Art und Weise, Probleme in Gleichungen zu fassen – verbal natürlich, nicht symbolisch – und diese in eine leicht lösbare Normalform zu bringen, perfekt beherrschten. Für quadratische Probleme werden wir das weiter unten sehen.

Man muss aber beachten, dass im „täglichen Leben" die Bedingungen meistens nicht schon fertig als Gleichungen gegeben sind und erst recht nicht in einer Normalform, die man nach einem standardisierten Algorithmus lösen kann.

Die Aufgaben 24 bis 34 im Papyrus Rhind enthalten sogenannte „Hau-Rechnungen". Bei dieser Gruppe von Aufgaben handelt es sich – in unserer Terminologie – um lineare Gleichungen mit einer Unbekannten. Die Unbekannte wurde als „hau" bezeichnet, was so viel wie „Haufen" bedeutet, in unserem Zusammenhang aber den allgemeineren Sinn einer gesuchten Größe hat. (Da die Ägypter nur Konsonanten schrieben, ist man auf Vokalisierungen angewiesen, von denen man nicht weiß, ob sie der Aussprache der Ägypter entsprechen. Anstelle des früher üblichen „hau" bevorzugt man heute die Vokalisierung „aha".) Als Gleichungen geschrieben haben die „Hau-Aufgaben" fast ausnahmslos die Form $x + \frac{1}{n} x = a$ (wobei n und meistens auch a eine natürliche Zahl ist) oder können doch ohne weiteres auf diese Form gebracht werden.

Zum Beispiel Aufgabe 24:

„Hau, $\frac{1}{7}$ hinzu, 19 ist es."

Dies entspricht in unserer Terminologie der Gleichung $x + \frac{1}{7} x = 19$. Wir würden (ebenso wie die Babylonier) die linke Seite zusammenfassen zu $8/7 \cdot x$ und hieraus $x = 7/8 \cdot 19 = 133/8$ als Lösung erhalten. So konnte der Ägypter nicht rechnen, erstens, weil er keine Brüche außer Stammbrüchen kannte, zweitens, weil man mit konkreten Gegenständen nicht rechnen kann, wie wir das mit Buchstaben können; es fehlt der algebraische Formalismus und es fehlen die algebraischen Algorithmen. Stattdessen versucht der ägyptische Rechner es mit einer „Versuchszahl", und zwar mit 7. (Dass er für hau ohne weiteres eine Zahl wählt, weist darauf hin, dass er hau tatsächlich als eine Unbekannte in unserem Sinne auffasst.) Warum 7? Denkt man sich den „Haufen" in 7 Teile zerlegt und fügt einen Teil hinzu, so hat man 8 Teile. Man hat sich so des Bruches entledigt. Es sollten aber nicht 8, sondern 19 Teile herauskommen. Jetzt könnte der Ägypter so gedacht haben: Bestimme eine Zahl a, so dass $8a = 19$ ist. Hat man dies, so folgt $7a + \frac{1}{7} 7a = 8a = 19$, und man sieht, dass $7a$ eine Lösung der Aufgabe ist. Zu berechnen bleibt $a = 19 : 8$ und anschließend $7a$. Als Lösung ergibt sich $x = 16\ \bar{2}\ \bar{8}$.

Diese „Methode des falschen Ansatzes" wird bei linearen Gleichungen (gelegentlich auch bei rein quadratischen Gleichungen) bis in die frühe Neuzeit angewandt. Bei Rechenmeistern wie Adam Ries und seinen Zeitgenossen gehört sie zum Standardlehrstoff und wird noch zur „Methode des doppelten falschen Ansatzes" erweitert.

Statt des oben beschriebenen Gedankenganges zur Begründung des Verfahrens könnte dem auch ein Proportionsgedanke zugrunde liegen. Ist die Gleichung in der Normalform $ax = b$ gegeben und x' eine Versuchszahl, für die $ax' = c$ gilt, dann ist $x : x' = b : c$, also $x = \frac{x'}{c} b$. Im vorstehenden Beispiel könnte man so argumentieren mit $a = 1 + 1/7$.

Weitere, kompliziertere Gleichungen oder Gleichungssysteme kommen bei den Ägyptern (nach unseren Quellen) nicht vor, abgesehen von einer rein quadratischen Gleichung, die wir weiter unten besprechen.

In China sind lineare Gleichungen mit mehreren Unbekannten keine Seltenheit. Ein bis in heutige Zeiten verbreitetes Problem ist die „Aufgabe von den hundert Vögeln" (hier nach Chang Ch'iu Chien mathematischem Handbuch aus dem 5. Jahrhundert n. Chr.):

> „Für 100 Drachmen sollen 100 Vögel gekauft werden. Enten, Sperlinge und Hühner. Eine Ente kostet 5 Drachmen, 20 Sperlinge 1 Drachme, 1 Huhn 1 Drachme." [Gericke 1984, S. 181]

Bezeichnet x die Anzahl der Enten, y die Anzahl der Sperlinge, z die Anzahl der Hühner, so sind also positive ganzzahlige simultane Lösungen der beiden Gleichungen

$$x + y + z = 100, \quad 5x + \frac{1}{20} y + z = 100$$

zu bestimmen. Äquivalent hierzu ist das Gleichungssystem $80x = 19y$, $z = 100 - x - y$ mit ganzen Zahlen $x, y, z > 0$.

Eine naheliegende Lösung ist $x = 19$, $y = 80$, also $z = 1$, und wegen der Bedingung $y \leq 100$ ist dies auch die einzige Lösung. Abu Kamil, islamischer Mathematiker um 900 n. Chr., bemerkte, ohne die Forderung der Ganzzahligkeit erhalte der Fragesteller Lösungen ohne Zahl, die nur beschränkt sei durch den Tod des Antwortenden.

Auch Systeme mehrerer Gleichungen sind keine Seltenheit. Einige Methoden sind geradezu modern. Zum Beispiel enthält Buch VIII der „Neun Bücher" das berühmte Auflösungsverfahren für lineare Gleichungssysteme mit bis zu fünf Gleichungen mit fünf Unbekannten, das auf eine ganze Reihe von Problemen angewandt wird. Die Lösungsmethode entspricht, wie wir sogleich an einem Beispiel demonstrieren werden, vollkommen dem heute noch gebräuchlichen „Gaußschen Algorithmus" inklusive Matrizenschreibweise und Matrizenrechnung. Diese Matrizen sind eine Art Tabelle, in die die Koeffizienten der Gleichungen eingtragen werden, und mit denen man nach gewissen Regeln rechnen kann.

Dieses Verfahren dürfte bei den Chinesen aus der Praxis resultieren, die Koeffizienten von Gleichungssystemen auf dem Rechenbrett mit Stäbchen auszulegen. Von einer selbstständigen Matrizenrechnung zu sprechen oder die Chinesen gar als Erfinder der Matrizenrechnung zu bezeichnen, wäre freilich unangebracht. Dennoch ist offenkundig, dass die Rechnungen unseren heutigen Spalten- und Zeilenumformungen zur Herstellung einer Dreiecksmatrix vollkommen entsprechen.

Aufgabe 1 in Buch VIII lautet:

„Aus 3 Garben einer guten Ernte, 2 Garben einer mittelmäßigen Ernte und 1 Garbe einer schlechten Ernte erhält man den Ertrag von 39 Tou. Aus 2 Garben einer guten Ernte, 3 Garben einer mittelmäßigen Ernte und 1 Garbe einer schlechten Ernte erhält man 34 Tou. Aus 1 Garbe guter Ernte, 2 Garben mittelmäßiger Ernte und 3 Garben schlechter Ernte erhält man 26 Tou. Wie viel ist der Ertrag je einer Garbe?"

Es folgt eine präzise Beschreibung des Lösungsverfahrens:

„Die Regel lautet: Lege auf der rechten Seite hin 3 Garben der guten Ernte, 2 Garben der mittelmäßigen Ernte, 1 Garbe der schlechten Ernte und den Ertrag, die 39 Tou. Die Reihen der mittelmäßigen und geringen Ernte lege hin wie auf der rechten Seite."

Es entsteht also das folgende Bild:

Garben der guten Ernte	1	2	3
Garben der mittelmäßigen Ernte	2	3	2
Garben der schlechten Ernte	3	1	1
Ertrag	26	34	39

Es wird dann (wir übergehen die Einzelheiten) ungefähr wie folgt weiter verfahren: Subtrahiere das 2-fache der dritten Spalte vom 3-fachen der zweiten Spalte (die dritte bleibt), subtrahiere danach die dritte Spalte vom 3-fachen der ersten Spalte (die dritte bleibt) und subtrahiere zuletzt das 4-fache der zweiten Spalte vom 5-fachen der ersten Spalte (die zweite und dritte bleiben). Damit hat man jetzt dann:

Garben der guten Ernte	0	0	3
Garben der mittelmäßigen Ernte	0	5	2
Garben der schlechten Ernte	36	1	1
Ertrag	99	24	39

Hieraus liest man das Ergebnis ab:

36 Garben schlechter Ernte ergeben 99 Tou, 1 Garbe also 99/36 Tou;
5 Garben mittelmäßiger Ernte = 24 Tou – 99/36 Tou, 1 Garbe demnach 17/4 Tou;
3 Garben guter Ernte = 39 Tou – 17/2 Tou – 11/4 Tou = 111/4 Tou, 1 Garbe also 37/4 Tou.

Wenden wir uns den quadratischen Gleichungen zu. Im Papyrus Rhind gibt es keine. Aber der sonst wenig interessante Berliner Papyrus wartet immerhin mit einer rein quadratischen Gleichung auf: „Ein Quadrat und ein zweites, dessen Seite $\overline{2}$ $\overline{4}$ von der Seite des ersten Quadrates ist, haben zusammen den Flächeninhalt 100. Lass mich wissen!":
In moderner Terminologie ist also zu lösen:

$$x^2 + y^2 = 100, \; y = \frac{3}{4}x \,,$$

eingesetzt ergibt sich

$$x^2 + \left(\frac{3}{4}x\right)^2 = 100 \,, \text{ also } \frac{25}{16}x^2 = 100 \,,$$

was gleichbedeutend ist mit $x^2 = 100 \cdot \frac{16}{25}$. Wurzelziehen liefert die Lösung $x = 8$. Der ägyptische Rechner versucht demgegenüber – aus den gleichen Gründen, die wir bei den Hau-Rechnungen erläutert haben –, die im Fall linearer Gleichungen bewährte Methode des falschen Ansatzes. Der Text fährt fort (wir benutzen unsere Bruchschreibweise):

> „Nimm ein Quadrat mit Seite 1, und nimm 3/4 von 1, das ist 3/4, als Seite der anderen Fläche. Multipliziere 3/4 mit sich selbst, das ergibt 9/16. Wenn also die Seite der einen Fläche als 1, die der anderen als 3/4 angenommen ist, addiere die beiden Flächen. Ergebnis 25/16. Ziehe daraus die Wurzel, es ist 5/4. Ziehe die Wurzel aus der gegebenen Zahl 100, es ist 10. Wie oft geht 5/4 in 10? Es geht 8 mal."

An dieser Stelle wird der Text unleserlich, es ist aber jetzt klar, dass 8 die Seite des ersten Quadrates, also gleich x ist (vgl. [van der Waerden, S. 46]).

Die Aufgabe wird also ebenfalls mit einem „falschen Ansatz" gelöst, nämlich $x = 1$: Es gilt

$$1^2 + \left(\frac{3}{4} \cdot 1\right)^2 = 1 + \frac{9}{16} = \frac{25}{16}.$$

Zieht man nun die genannten Wurzeln und bestimmt eine Zahl a mit $a \cdot \frac{5}{4} = 10$ (also $a = 8$), so gilt

$$100 = a^2 \cdot \frac{25}{16} = a^2 \left(1^2 + \left(\frac{3}{4} \cdot 1\right)^2\right) = a^2 + \left(\frac{3}{4} a\right)^2.$$

Folglich ist $x = a = 8$ eine Lösung dieser Gleichung.

Hinweis: Aus $x = 8$ folgt $y = 6$ und, wenn $z^2 = x^2 + y^2$ gesetzt wird, $z = 10$. Die Lösung der vorstehenden Aufgabe liefert also das „pythagoreische Zahlentripel" (6,8,10) beziehungsweise das „ähnliche" Tripel (3,4,5). Wir kommen auf diesen Begriff im Abschnitt 3.3 zurück.

Merkwürdigerweise kommt die gleiche Aufgabe in anderer Einkleidung mit 40^2 statt 100 auf der rechten Seite als altbabylonische Aufgabe vor:

> „Die Breite eines Rechtecks sei 3/4 der Länge, die Diagonale sei 40." [Tropfke, S. 368]

Bezeichnen wir die Länge mit x und wenden wir den pythagoreischen Lehrsatz an, so ergibt sich die Gleichung

$$x^2 + \left(\frac{3}{4}x\right)^2 = 40^2.$$

Der Lösungsgang ist nicht ganz klar, dennoch zeigt er deutlich, dass hier der pythagoreische Lehrsatz angewandt wurde, was bei der ägyptischen Aufgabe nicht der Fall ist.

Da es in babylonischen „Mathematikerkreisen" keine prinzipiellen Probleme beim Zahlsystem und den Grundrechenarten gab, konnte man bald zu „höheren Rechenarten" übergehen. Bemerkenswert ist das Verfahren bei einer Rechenart, die man für das Auflösen von quadratischen Gleichungen, einem der Glanzstücke babylonischer Mathematik, unbedingt benötigt: dem Ausziehen der Quadratwurzel. Es handelt sich um ein geradezu „modernes" Annäherungsverfahren, das (in unserer Terminologie) der folgenden Formel entspricht:

$$\sqrt{a^2 \pm r} \approx a \pm \frac{r}{2a}.$$

Für $a = 3/2$, $r = 1/4$ zum Beispiel erhält man eine recht gute Annäherung von $\sqrt{2}$, nämlich

$$\sqrt{2} = \sqrt{\left(\frac{3}{2}\right)^2 - \frac{1}{4}} \approx \frac{3}{2} - \frac{1}{12} = 1,41\overline{6} = 1;25,$$

ein Wert, der auf zwei Dezimalstellen genau ist ($\sqrt{2} = 1,4142...$). Man verfeinerte dieses Verfahren noch (vielleicht durch Mittelbildungen) und legte über die gewonnenen Ergebnisse Tabellen an.

Weit übertroffen wurde die Technik des Wurzelziehens – jedenfalls in algorithmischer Hinsicht – in China. Am Schluss von Buch IV der „Neun Bücher" wird ausführlich ein Verfahren gelehrt, das auch noch auf Kubikwurzeln ausgedehnt wurde.

Quadratische Probleme treten in der Praxis natürlich so gut wie nie – ebenso wenig wie lineare – in einer „einfachen", das heißt in einer „Normalform" auf. Die Babylonier haben eine besondere Fähigkeit entwickelt, die gestellten Probleme in eine solche zu bringen, für deren weitere Bearbeitung sie standardisierte Verfahren angewandt haben. Van der Waerden hat eine Liste solcher babylonischer Normalformen zusammengestellt [van der Waerden, S. 128 f]. Wir behandeln ein häufig zitiertes Beispiel:

„Länge, Breite. Länge und Breite habe ich multipliziert und so die Fläche gemacht. Wiederum was die Länge über die Breite hinausgeht zur Fläche habe ich addiert und [es gibt] 183. Wiederum Länge und Breite addiert [gibt] 27. Länge, Breite und Fläche [ist] was?"

Auf den ersten Blick erweckt der Text den Eindruck, als handele es sich um ein geometrisches Problem, in Wirklichkeit ist es aber rein algebraisch. Das erkennt man schon daran, dass hier Flächen und Strecken addiert werden, was geometrisch keinen Sinn macht. Der babylonische Rechner hat hier nicht geometrische Objekte, sondern nur Zahlen, eventuell als Maßzahlen, vor Augen.

In unserer heutigen Terminologie besteht die Aufgabe darin, ein Gleichungssystem zu lösen. Gesucht ist nämlich eine „Länge" l und eine „Breite" b, so dass gilt:

$$l \cdot b + (l - b) = 183 \text{ und } l + b = 27 .$$

Aufgaben dieser Art finden sich in zahlreichen Keilschrifttexten in verschiedenen Einkleidungen, verschiedenen Variationen, mit und ohne Lösung, aber manchmal, wie in unserem Fall, auch mit einem vollständig durchgerechneten Lösungsweg samt Rechenprobe. Es heißt:

„Du bei Deinem Verfahren, 27, die Summe von Länge und Breite, zu [183] addiere; [es gibt] 210. 2 zu 27 addiere; [es gibt] 29."

Man erkennt leicht, dass damit nichts anderes gemeint ist als

$$(l + b) + (l \cdot b + (l - b)) = 27 + 183 = 210 \text{ und}$$

$$(l + b) + 2 = 27 + 2 = 29 .$$

Dies ist offenbar gleichbedeutend mit $l \cdot (b + 2) = 210$ und $l + (b + 2) = 29$. Im nächsten Schritt führt der babylonische Mathematiker $b + 2$ als neue Unbekannte ein, was – im Hinblick auf die weitere Bearbeitung – von einem beachtlichen algebraischen Sachverstand zeugt. Wir setzen $x = l$ und $y = b + 2$ und erhalten so das Gleichungssystem in der Normalform

$$x \cdot y = 210, x + y = 29 .$$

Nun kann unmittelbar die von den Babyloniern häufig benuzte „binomischen Formel" (besser Rechenregel) angewandt werden, die in unserer Formelschreibweise lautet:

$$\left(\frac{x + y}{2}\right)^2 = \left(\frac{x - y}{2}\right)^2 + xy .$$

Durch Einsetzen der zuletzt genannten Gleichungen, Umstellen und Wurzelziehen, erhält man $x - y$ und hieraus mit dem bekannten Wert von $x + y$ schließlich x und y.

Ein anderes Auflösungsverfahren der Normalform besteht darin, dass man eine Gleichung nach einer Unbekannten auflöst und in die andere Gleichung einsetzt, was zu einer gemischt quadratischen Gleichung führt, die entsprechend der – allen unseren Mittelstufenschülern bekannten – „p-q-Formel" gelöst wird, also durch „quadratische Ergänzung".

Die Kenntnis dieser Methode wird aus dem folgenden Text [Neugebauer 1957, III,1] deutlich. Die beigefügte – im Original nicht enthaltene – Abb. 20 soll eine Hilfe zum Verständnis des Textes sein. Die Übersetzung stammt von Jens Hoyrup in [Scholz, S. 18].

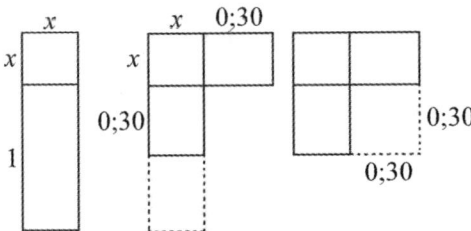

Abb. 20: Methode der „quadratischen Ergänzung" bei den Babyloniern.

Die Aufgabe lautet sinngemäß:

Ein Quadrat der (gesuchten) Seitenlänge x und ein Rechteck mit den Seitenlängen x und 1 ergeben zusammen 0;45 (= 3/4). In unserer Sprache ist also die folgende Gleichung zu lösen:

$$x^2 + x = 0;45 .$$

Der Lösungsweg lautet:

a) „Die Fläche und das Entgegengestellte habe ich zusammengelegt, 0;45 ist es. 1, das Herausragende setzt du."

b) „Den halben Teil von 1 brichst du entzwei. 0;30 und 0;30 lässt du einander halten."

c) „0;15 fügst du zu 0;45 hinzu. 1 macht 1 gleichseitig. 0;30, das du hast halten lassen, reißt du vom Leibe von 1 heraus. 0;30 ist das Entgegengestellte."

Man sieht an der Aufgabe auch, dass man Spezialkenntnisse benötigt, um die Texte richtig interpretieren zu können; mit Übersetzung allein ist es nicht getan, fast jedes Wort bedarf einer Erklärung.

2.7 Unbestimmte Gleichungen

In diesem Abschnitt behandeln wir zwei besondere Schmuckstücke der fernöstlichen Mathematik. Zwar wurden die hier dargestellten Formen erst im 12. Jahrhundert n. Chr. erreicht, und wir kommen damit über die Grenzen unserer Epochen hinaus, da aber die Grundlagen bereits in den ersten Jahrhunderten n. Chr. gelegt wurden, mag dieser Ausblick gerechtfertigt sein. Die Methoden gehören noch heute zum Standardkanon der Zahlentheorie.

Im Beispiel aus der indischen Mathematik geht es um ein Verfahren zur Auflösung einer Gleichung der Form

$$(*) \quad ax + c = by$$

mit den Unbekannten x, y und ganzen Zahlen a, b, c. Die Gleichung hat, in Abhängigkeit von a, b, c, entweder keine oder unendlich viele ganzzahlige Lösungen. Solche Gleichungen treten häufig auf bei Problemen mit einer Anzahl n von Unbekannten, für die man jedoch nur $n - 1$ Gleichungen zur Verfügung hat; ein solches Gleichungssystem kann dann in der Regel auf eine einzige Gleichung der Form (*) reduziert werden.

Äußerer Anlass, sich mit einem Problem dieser Art zu befassen, waren Fragen der Astronomie und damit zusammenhängend der Kalenderrechnung. Für Aryabatha stellte sich – mathematisch gesprochen – die Frage, wie oft zwei Zahlen a und b in einer gegebenen Zahl n mit vorgegebenen Resten r und r' enthalten sind. Es ist also nach simultanen Lösungen der beiden Gleichungen $n = ax + r$ und $n = by + r'$ in den Unbekannten x und y gefragt. (Wir nehmen $r > r'$ an.) Setzen wir $c = r - r'$, so folgt $ax + c = by$ mit ganzen Zahlen a, b, c. Brahmagupta behandelt unter anderem den Fall $a = 13$, $b = 60$, $c = 16$.

Die Methode, die wir hier vorstellen wollen, wurde von Aryabhata begonnen und von Brahmagupta, besonders aber von Bhaskara II. (um 1150 n. Chr.) vollendet (Bhaskara I. (um 520 n. Chr.) war ein Kommentator Aryabhatas).

Notwendige und hinreichende Bedingung für die Lösbarkeit der Gleichung (*) ist, dass der größte gemeinsame Teiler t von a und b ein

Teiler von c ist. Ist dies erfüllt, kann angenommen werden, dass $t = 1$ ist (sonst dividiere man die Gleichung durch t). Das bedeutet, dass a und b teilerfremd sind, was in Brahmaguptas Beispiel offenbar gegeben ist.

Nun muss man wissen, dass sich teilerfremde Zahlen a, b stets schreiben lassen in der Form $au + 1 = bv$ mit ganzen Zahlen u und v. Das wussten die Inder zur Zeit Aryabhatas und haben es auch in anderen Zusammenhängen angewandt. Durch Multiplikation dieser Gleichung mit c erhält man hieraus unsere Ausgangsgleichung (*). Hat man u und v wie angegeben bestimmt, so ist $x = uc$, $y = vc$ eine Lösung von (*).

Im Beispiel gilt $23a + 1 = 5b$, und hieraus ergibt sich in der angegebenen Weise die Lösung $x = 23 \cdot 16 = 368$, $y = 5 \cdot 16 = 80$.

Alle weiteren Lösungen erhält man in der Form $x = 368 + 60s$, $y = 80 + 13s$, wenn s eine beliebige ganze (auch negative) Zahl bedeutet. Die kleinste positive Lösung ist demnach

$$x = 368 - 60 \cdot 6 = 8, \, y = 80 - 13 \cdot 6 = 2.$$

Kommen wir zum angekündigten Problem aus der alten chinesischen Mathematik. Es handelt sich um das heute so genannte „Chinesische Restproblem". Es findet sich in einem arithmetischen Handbuch von Sun Tzu Suan Ching aus dem 4. Jahrhundert n. Chr. Das Lösungsverfahren lässt sich nicht mit Sicherheit nachvollziehen, verläuft aber – von einigen Zwischenrechnungen abgesehen – sinngemäß wie im Folgenden erläutert. Weitere Versionen stammen aus dem 13. Jahrhundert und später. Ähnlich wie bei den Indern ergaben sich Aufgaben dieser Art aus astronomischen Fragestellungen, etwa nach wie viel Jahren oder Umläufen sich gewisse Planetenkonstellationen (dazu gehören auch Sonne und Mond) wiederholen [Juschkewitsch, S. 76]. Die Aufgabe lautet (in moderner Terminologie):

„Wir haben eine Anzahl von Gegenständen, wissen aber nicht genau wie viel. Zählen wir sie zu Dreien ab, bleiben zwei übrig; zählen wir sie zu Fünfen ab, bleiben drei übrig; zählen wir sie zu Sieben ab, bleiben zwei übrig. Wie viele Gegenstände sind es?"

Gesucht ist also, in heutiger Terminologie, eine ganze Zahl x, die sich schreiben lässt als

$$x = 3r + 2, \quad x = 5s + 3, \quad x = 7t + 2$$

mit geeigneten ganzen Zahlen r, s, t.

Zur Lösung wählt der Autor die Zahlen 140, 63 und 30, bildet deren Summe 233, subtrahiert 210 und gibt die erhaltene Zahl 23 als Ergebnis an. Was ist geschehen? Was haben diese Zahlen mit den gegebenen Zahlen 3, 5 und 7 zu tun? Anscheinend hat der Rechner folgendes beobachtet:

140 lässt bei Division durch 3 den Rest 2, bei Division durch 5 und 7 den Rest 0;
63 lässt bei Division durch 3 und 7 den Rest 0, bei Division durch 5 aber den Rest 3;
30 lässt bei Division durch 3 und 5 den Rest 0, bei Division durch 7 den Rest 2.

Danach ist klar, dass die Summe, also 233, eine Lösung des Problems ist.

Der Autor wusste offenbar auch, dass man weitere Lösungen erhält, wenn man zu einer gegebenen Lösung eine Zahl addiert, die bei allen drei Divisionen den Rest 0 lässt. Eine solche Zahl ist, wie angegeben, 210; er hätte auch $105 = 3 \cdot 4 \cdot 5s$ wählen können (und jedes ganzzahlige Vielfache). Jedenfalls hat der Autor mit $23 = 233 - 210$ die kleinste positive Lösung gefunden.

2.8 Negative Zahlen in China und Indien?

Negative Zahlen begegnen uns in China schon relativ früh, nämlich in den letzten Jahrhunderten v. Chr. in den „Neun Büchern". In Indien treten sie – soweit wir wissen – erst ein halbes Jahrtausend später bei Bramagupta auf, also am Ausgang der Antike. So fragt sich, ob dieser Begriff – wenn er im Altertum überhaupt „als Begriff" aufgefasst werden konnte – eine indische Eigenleistung ist oder von China importiert wurde. Aus Griechenland kann er kaum gekommen sein, da negative Zahlen dort sicher nicht bekannt waren.

Im Allgemeinen ist es nicht leicht zu entscheiden, ob eine Zahl nur als Subtrahend innerhalb einer Rechnung auftritt, von wo sie wieder verschwindet, bevor die Rechnung beendet ist (etwa $8 + (2 - 4) = 6$), oder ob eine Differenz wie beispielsweise $2 - 4$ als eigenständiges Objekt – vielleicht sogar als „Zahl", mit der man rechnen kann – aufgefasst (und verstanden) wird. Ob man dann ein eigenes Symbol, zum Beispiel -2 für $2 - 4$ einführt, ist nicht entscheidend, wenngleich es in der Praxis doch irgendwann unumgänglich sein wird.

In Buch VIII, Aufgabe 8 der „Neun Bücher" werden drei Bedingungen über Kauf und Verkauf formuliert, von denen die erste lautet:

> „Jetzt hat man 2 Rinder und 5 Schafe verkauft und damit 13 Schweine gekauft, wobei ein Rest von 1000 qian blieb." [Juschkewitsch, S. 36]

Zur Bestimmung der unbekannten Preise folgen zwei weitere Gleichungen, die uns hier nicht interessieren. Am Ende beginnt die Lösungsvorschrift mit den Worten:

> „Lege hin die 2 Rinder als positiv, die 13 Schweine als negativ, die Anzahl des restlichen Geldes als positiv." (Gemeint sind natürlich die Preise, nicht die Tiere.)

Die Bezeichnung für positiv ist „zheng", was so viel wie richtig, gerecht bedeutet, für negativ „fu", das heißt Schuld, Fehlbetrag oder ähnliches. Negative Zahlen sind in den Aufgaben verständlicherweise, da es sich ja um „Textaufgaben" handelt, immer nur als benannte Zahlen, niemals als „abstrakte" Größen anzutreffen. Innerhalb einer Rechnung stehen sie meistens für einen negativen Geldbetrag im Zusammenhang mit Kaufen und Verkaufen, bedeuten also so viel wie Schulden; positive Zahlen dagegen signalisieren ein Guthaben. Als Endergebnisse kommen negative Zahlen nicht vor.

Es fragt sich, wie mit ihnen gerechnet wurde. In der Lösungsvorschrift zu vorstehender Aufgabe ist von „Hinlegen" die Rede. Das „Hinlegen" bezieht sich auf die Stäbchen, die in die Spalten des Rechenbretts gelegt werden (vgl. 2.3). Bleibt die Frage, wie man auf dem Rechenbrett positive und negative Zahlen unterschieden hat. Dies geschah durch verschiedenfarbige oder verschieden geformte Stäbchen, auch dadurch, dass ein zusätzliches Stäbchen quer über die Zahl gelegt wurde – schon fast ein Minuszeichen.

Für den weiteren Rechengang auf dem Rechenbrett musste man nun einige Regeln für den Umgang mit „fu" und „zheng", mit negativen und positiven Zahlen kennen, damit man auch zu einer Lösung kommt. Dazu genügten in allen einschlägigen Aufgaben der „Neun Bücher" die Regeln für die Addition und Subtraktion. Multiplikationsregeln mit negativen Zahlen gab es in China nicht vor dem 14. Jahrhundert.

In Indien findet man negative Zahlen und das Rechnen mit ihnen erst bei Brahmagupta um 500 n. Chr., also viele Jahrhunderte später als in China. Auch hier handelt es sich ausschließlich um benannte Größen wie Schulden oder ähnliches. Die angegebenen Rechenregeln beschränken sich aber nicht auf Addition und Subtraktion wie in den chinesischen „Neun Büchern", sondern werden auch auf die Multiplikation, Division, das Quadrieren und das Ausziehen der Quadratwurzeln ausgedehnt. [Juschkewitsch, S. 126]

Eine Beeinflussung Indiens durch China ist möglich, lässt sich aber nicht belegen; es würde auch nicht bedeuten, dass die Inder hier keine selbstständigen Erkenntnisse gefunden hätten.

2.9 Vom Nutzen algebraischer Symbolik

Den schwierigeren Teil beim Lösen einer Textaufgabe sehen die meisten unserer Schüler darin, die Aufgabe in Formeln zu fassen, etwa als Gleichung zu schreiben. Wenn dies gelungen ist, ist die Lösung fast schon erreicht. Der formale Umgang mit Gleichungen oder anderen Formeln fällt Schülern weitaus leichter, als verbal formulierte Aufgaben zu verstehen. Selbst wenn der Text verstanden ist, ist eine Lösung oft noch in weiter Ferne.

In Abschnitt 2.5 haben wir das Problem 40 aus dem Papyrus Rhind besprochen, in dem 100 Brote an 5 Personen verteilt werden sollen unter der Bedingung: „1/7 der drei höheren den zwei niederen". Bezeichnet a die Anzahl der Brote und d die Differenz, so ist die Anzahl der Brote, die die 5 Personen erhalten – vom „niederen" zum „höheren" – gleich a, $a + d$, $a + 2d$, $a + 3d$, $a + 4d$. Die Bedingung lautet dann

$$\frac{1}{7}(a+2d)+(a+3d)+(a+4d)=a+(a+d),$$

eine Gleichung mit den beiden Unbekannten a und d. Nun liegt die Lösung der Aufgabe fast schon auf der Hand: Die einfachsten Regeln der Buchstabenrechnung ergeben nämlich $11a = 2d$. Als Folge ergibt sich a, $6\frac{1}{2}a$, $12a$, $17\frac{1}{2}a$, $23a$. Die Summe ist $60a$, sie soll aber 100 sein. Dazu muss alles mit $a = \frac{100}{60} = 1\frac{2}{3}$ multipliziert werden. Das endgültige Ergebnis ist die Reihe

$$1\frac{2}{3}, 10\frac{5}{6}, 20, 29\frac{1}{6}, 38\frac{1}{3} \text{ mit der Differenz } 9\frac{1}{6}.$$

Wie wir in Abschnitt 2.5 gesehen haben, lässt die Lösung im Papyrus Rhind diesen oder einen ähnlichen Gedankengang in keiner Weise erkennen; das angegebene Lösungsverfahren ist nicht nur umständlich, es ist unklar und geradezu verwirrend. Selbst wenn der Rechner so oder ähnlich wie oben gedacht hat, wäre es ihm kaum möglich gewesen, dieses hinreichend kurz und verständlich darzustellen; ihm fehlte eben eine geeignete Symbolik.

In der Arithmetik, die der Algebra gewissermaßen vorausgeht, geht es zum einen um den Gebrauch von Parametern, zum anderen um geeignete Operationszeichen und -regeln; wir sprechen heute kurz von „Buchstabenrechnung". In der Algebra kommt noch hinzu, dass man unbedingt Symbole für die Unbekannte(n) und ihre Potenzen benötigt. Ein entsprechender Formalismus ist aber eine sehr späte Entwicklung und beginnt erst mit Viète und Descartes im 16./17. Jahrhundert.

Da keiner der alten Kulturen dieser Schritt gelungen ist, konnten diese „nur" Zahlenbeispiele präsentieren, konnten ihre Texte „nur" Aufgabensammlungen sein. Es war in dieser Situation unmöglich, allgemeine Aussagen zu formulieren, und folglich konnte es auch keine (algebraischen) Beweise geben. Trotzdem gibt es in den frühen Hochkulturen – und darauf muss unbedingt hingewiesen werden – eine ganze Reihe von Beispielen, die in Gruppen geordnet und mit Lösungsregeln versehen sind, die für alle Beispiele der Gruppe anwendbar sind. In hervorragender Weise haben das, wie wir früher gesehen haben, die chinesischen Autoren der „Neun Bücher" ausgeführt.

Für das Operieren mit Zahlen (also hauptsächlich die Grundrechenarten, aber auch Potenzieren und Radizieren) finden wir Ansätze in einer frühen Phase der Entwicklung des Rechnens. Da ist zuerst das einfache Nebeneinanderschreiben von Zahlzeichen zu nennen, was bei uns heute die Operation der Multiplikation symbolisiert, in allen frühen Formen des Rechnens aber die Addition. In den Kulturen mit einem additiven Zahlsystemen wie Ägypten ist diese einfache Form einer symbolischen Schreibweise sozusagen mit dem Zahlsystem selbst bereits vorgegeben.

In der Algebra tritt ein Fachterminus zuerst für die Unbekannte auf. Unbekannte mit speziellen Namen oder Bezeichnungen (Symbolen) zu versehen, ist eine alte Praxis. Das „hau" im alten Ägypten ist dafür ein Beispiel. Daran sieht man überdies, dass die Bezeichnungen anfangs noch eng von den sprachlichen Bedeutungen abgeleitet sind, deren Gebrauch aber deutliche Hinweise darauf geben, dass sie wie feststehende Zeichen oder Symbole mit immer gleicher Bedeutung verwendet wurden, sofern nichts anderes ausdrücklich vermerkt wird. In Babylon ist das vielleicht noch deutlicher, wenn Unbekannte durch geometrische Ausdrücke wie Breite und Länge bezeichnet werden, die ihre ursprüngliche Bedeutung aber vollständig verloren haben und als abstrakte Fachtermini gebraucht werden.

In Indien gab es schon Jahrhunderte v. Chr. Fachtermini für die Operationen der Grundrechenarten, für Unbekannte und einige ihrer Potenzen, die aber hauptsächlich aus Wortabkürzungen aus dem Sanskrit für das Bezeichnete bestanden. Eine algebraische Symbolik mit Operationszeichen gewann erst unter Brahmagupta im 6. Jahrhundert n. Chr. eine, wenn auch immer noch unsichere, Verwendung. Eine einheitliche Bezeichnung für Unbekannte in Gleichungen kannten die Inder genau genommen nicht.

„Die indischen Gelehrten haben bei der Entwicklung einer symbolischen Algebra einen großen Fortschritt erzielt, obwohl ihre Bezeichnungen umständlich und die zugehörigen Zeichen, das heißt die sanskritischen Buchstaben, kompliziert waren. Die Nachfolger der indischen Algebraiker, die Gelehrten der arabischen Länder und Zentralasiens haben nicht nur keinerlei Fortschritte auf diesem Gebiet erzielt, sondern haben jahrhundertelang die algebraischen Ausdrücke durch Worte umschrieben." [Juschkewitsch, S. 126]

Es sind nicht nur die alten Hochkulturen, die nicht zu einer arithmetischen oder algebraischen Symbolik gefunden haben. Selbst den mathematisch so hochbegabten Griechen ist dies nicht gelungen – mit fatalen Folgen. Van der Waerden bemerkt darin zu recht einen – wenn nicht den entscheidenden – Grund für das Ende der griechischen Mathematik im Hellenismus. Es ist eben nicht so, dass ein geeigneter Formalismus nur die Arbeit vereinfacht und effektiver macht; wichtiger noch ist, dass die verbale Darstellung die Komplexität der Probleme, die noch überblickt und bearbeitet werden können, stark einschränkt.

3. Geometrie

3.1 Landvermesser oder Priester? –
Über die „Erfinder" der Geometrie

Herodot erzählt in seiner Geschichte der Perserkriege über die Ursprünge der Geometrie:

„Dieser König, erzählten sie, hat auch das Land unter alle Ägypter aufgeteilt und gab jedem das gleiche rechtwinklige Landstück, und daraus verschaffte er sich die Einnahmen, indem er eine Abgabe auferlegte, jährlich zu entrichten. Wenn aber der Fluss von einem Landstück einen Teil wegnahm, ging der Besitzer zu ihm und machte Anzeige von dem Vorfall. Er schickte dann die Leute hin, die das zu besichtigen hatten und auszumessen, wie viel kleiner das Stück geworden war, damit er für das übrige eine der festgesetzten genau entsprechende Abgabe leistete. Und ich meine, auf die Art ist dort die Feldmesskunst, die Geometrie, erfunden worden und von dort nach Hellas gekommen." [Herodot, II.109, S. 175f.]

Abb. 21: Feldmesser mit einem Messseil schreiten dem Schreiber Djeserka voran [J. Livet, osirisnet.net 2001].

Zu dieser Einschätzung passt allerdings schlecht, dass so grundlegende Sätze wie die von Thales und Pythagoras bei den Babyloniern und auch in China und Indien bekannt waren, nach der Quellenlage aber nicht bei den Ägyptern; dies hätten die Griechen auf ihren viel zitierten Orientreisen doch eigentlich erfahren können.

Aristoteles geht noch weiter und bezieht sich auf die gesamte Mathematik:

„Deswegen wurden in Ägypten die mathematischen Künste begründet: Dort nämlich hatte die Priesterschaft die nötige Muße dazu." [Aristoteles, Metaphysik A1.4]

Zweifellos war in Ägypten, wie Herodot richtig bemerkt hat, wegen der jährlichen Nilüberschwemmungen ein besonderes Bedürfnis für die Feldmessung vorhanden; die Ägypter sind so gesehen die natürlichen Kandidaten, wenn es um die „Erfinder" der Geometrie geht. Auch die latinisierte Bezeichnung „Geometrie" zeigt noch den engen Zusammenhang von Feldmessung und dem, was wir unter Geometrie verstehen. Abbildungen in und an Monumenten beweisen, dass Messseile ein unentbehrliches Werkzeug für Vermessungsarbeiten waren. Auch Berichte der reisenden Griechen, die diesen Vermessungsleuten den Namen „Harpedonapten", das heißt Seilspanner, gegeben haben, bestätigen das.

Dass nun Aristoteles die ägyptischen Priester als die „Erfinder" nicht nur der Geometrie, sondern der gesamten Mathematik benannt und mit deren Muße und rituellen Bedürfnissen begründet hat, steht nur bedingt im Widerspruch zu Herodot. Denn diese Personen hatten neben ihren religiösen Aufgaben die Funktion von Verwaltern der Vorräte, über deren Verwendung genau Buch zu führen war. In dieser Hinsicht hat die Kaste der Priesterverwalter einen entscheidenden Anteil an der Entwicklung sowohl der Schrift als auch der mathematischen Fertigkeiten, was für eine effektive Verwaltung so komplexer Wirtschaftssysteme wie die der alten Hochkulturen zweifellos förderlich sein musste. Auch hatten die Priester durchaus Bedarf an Vermessungen. Beim Bau von Heiligtümern, Opferstätten und allen Tätigkeiten, die einen Bezug zur Religion hatten, über die die Priester wachten, waren Vermessungen aus kultischen Gründen unverzichtbar.

Bei ihren Berichten wie etwa den oben zitierten ging es den Autoren sicher nicht darum, über den eigenen Horizont hinaus in vorgeschichtliche Räume zu blicken; sonst hätten auch sie zweifellos festgestellt, dass die Mathematik, also auch die Geometrie, wie wir schon in der Einleitung erläutert haben, eine lange subwissenschaftliche vorgeschichtliche Entwicklung durchgemacht hat. Sicher sind die Ursprünge der Geometrie (wie der Mathematik überhaupt) in erster Linie in der Erledigung praktischer Aufgaben zu suchen, unter anderem in den genannten Vermessungsarbeiten, und daraus hat sie ihre besondere Kraft und ihre wichtigsten Einsichten geschöpft. Es gibt weder Erfinder noch Anfänge.

3.2 Die Sätze von Thales und Pythagoras

Trotz vieler Legenden gibt es keine stichhaltigen Hinweise darauf, dass die Ägypter den heute so genannten pythagoreischen Lehrsatz kannten. Dagegen war bei den Babyloniern, Chinesen und Indern sowohl der pythagoreische Lehrsatz als auch der Thalessatz in zahlreichen Anwendungen der praktischen Mathematik (und der Unterhaltungsmathematik) verbreitet.

Ein häufig zitiertes Beispiel ist die folgende altbabylonische Aufgabe [BM 85196]. Ein Praxisbezug lässt sich hier zwar erkennen, aber das Fehlen von Maßeinheiten zeigt, dass es in erster Linie um die Einübung des pythagoreischen Lehrsatzes ging (Zahlen im Sexagesimalsystem, vgl. Abschnitt 2.1).

„Ein Balken, 0;30. Von oben ist er 0;6 herabgekommen. Von unten, was hat er sich entfernt."

Lösung (vgl. Abb. 22 links):

„0;30 quadriere, 0;15 siehst du. 0;6 von 0;30 abgezogen, 0;24 siehst du. 0;24 quadriere, 0;9,36 siehst du. 0; 9,36 von 0;15 ziehe ab. 0;5,24 siehst du. 0;5,24 hat was als Quadratwurzel? 0;18 ist die Quadratwurzel. 0;18 am Boden hat er sich entfernt."

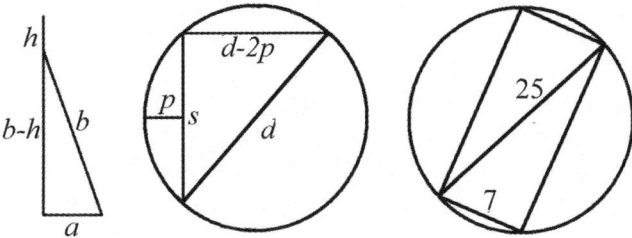

Abb. 22: Zu den Sätzen von Pythagoras und Thales in Babylon und China.

Hier ist offensichtlich gerechnet worden (mit $b = 0;30$, $h = 0;6$) gemäß der Regel

$$a = \sqrt{b^2 - (b-h)^2} \,,$$

also genau nach dem pythagoreischen Lehrsatz. Nach der Lösung folgt noch die Probe:

$$h = b - \sqrt{b^2 - a^2} \,.$$

Dezimal ausgedrückt handelt es sich bei dem rechtwinkligen Dreieck um die Seiten 3/10, 4/10, 5/10; wir kommen im nächsten Abschnitt darauf zurück.

Ein weiteres Beispiel, das überdies noch den Thalessatz verwendet, bevor der pythagoreische Satz angewandt werden kann, ist der folgende altbabylonische Text [BM 85194]:

„1,0 der Umfang, 2 ist, was ich herabgestiegen. Die Sehne ist was?"

Lösung (vgl. Abb. 22 Mitte):

„2 quadriere, 4 siehst du. 4 von 20, 16 siehst du. 20, den Durchmesser, quadriere, 6,40 siehst du. 16 quadriere, 4,16 siehst du. 4,16 mit 6,40 ist entfernt: 2,24 siehst du. 2,24 hat was als Quadratwurzel? 12 ist die Quadratwurzel. Dies ist die Sehne. So ist das Verfahren."

In moderner Formelschreibweise (mit $p = 2$ = Abstand der Sehne von der Kreislinie):

$$s = \sqrt{d^2 - (d - 2p)^2} = 12 \,.$$

Hier ist der Durchmesser d als ein Drittel des Umfangs angenommen, das heißt $\pi = 3$ (vgl. Abschnitt 3.5).

In China sind Rechnungen am rechtwinkligen Dreieck, die den pythagoreischen Lehrsatz voraussetzen und anwenden, schon in den ersten Schriftquellen verbreitet. In dem ältesten Buch der „Zehn mathematischen Klassiker", das wahrscheinlich aus dem 1. Jahrhundert v. Chr. stammt, finden sich neben dem Ausgangsproblem, aus zwei gegebenen Seiten die dritte zu berechnen, weitere Aufgaben: zum Beispiel aus a und $c - a$ die Seiten b und c zu berechnen oder die drei Seiten aus $c - a$ und $c - b$ zu bestimmen und weitere dieser Art. Dabei haben wir mit $a < b$ die Katheten und mit c die Hypotenuse eines beliebigen rechtwinkligen Dreiecks bezeichnet.

Das letzte der chinesischen „Neun Bücher" besteht aus 24, zum Teil recht komplizierten Anwendungsaufgaben, von denen die ersten 16 mithilfe des pythagoreischen Lehrsatzes gelöst werden. (Die letzten 8 Aufgaben können als Anwendungen von „Strahlensätzen" bezeichnet werden.) Darunter befindet sich auch die obige Leiteraufgabe, ferner eine Aufgabe, die Ähnlichkeit mit der zweiten oben besprochenen babylonischen Aufgabe zeigt und ebenfalls den Thalessatz benutzt. Hier soll aus einem Rundholz vom Durchmesser 25 Zoll ein Balken von 7 Zoll Dicke geschnitten werden und die Frage lautet, wie breit der Balken (höchstens) werden kann (Abb. 22 rechts).

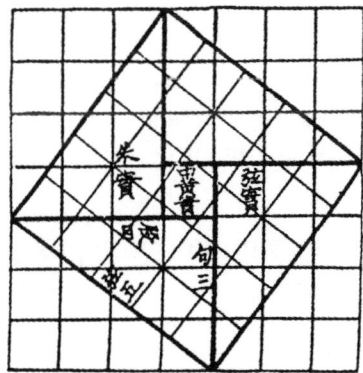

Abb. 23: Das „Hypotenusendiagramm" (China, vermutlich 1. Jahrhundert v. Chr.).

Beweise für den pythagoreischen Satz oder den Thalessatz gibt es in Babylon (natürlich) nicht. Dagegen gibt es in China zumindest Beweisansätze für den erstgenannten Satz. Das „Hypotenusendiagramm" (xian tu) aus dem soeben zitierten ersten Buch der „Zehn mathematischen Klassiker", (nicht aus den „Neun Büchern"!). ist wohl eine der berühmtesten und ältesten altchinesischen mathematischen Figuren. Der „Beweis" ist eine Art von „physikalischer Rekonstruktion des Hypotenusenquadrates durch Überdeckung mit Teilen der Kathetenquadrate" [Martzloff, S. 297]. Modern kann man den Gedankengang sinngemäß wie folgt wiedergeben:

Bezeichnen wir die kürzere Kathete mit a, die längere (oder gleiche) mit b und die Hypotenuse mit c, so liest man an dem Diagramm ab – und zwar unabhängig von dem speziellen Gitter – dass gilt:

$c^2 = (b-a)^2 + 4D, \quad D = \frac{ab}{2}$, also, D eingesetzt, $c^2 = a^2 + b^2$.

Hier muss man allerdings wissen, dass $(b-a)^2 = b^2 - 2ab + a^2$. Stattdessen kann man auch „rein geometrisch" mit Verschieben von Teildreiecken argumentieren. Ebenso erkennt man leicht die – vor allem in Babylon geläufige – Formel $(b+a)^2 = (b-a)^2 + 4ab$.

In Indien waren der pythagoreische Lehrsatz und das pythagoreische Zahlentripel bekannt, wie aus den Sulba-Sutras hervorgeht. Zum Beispiel findet sich in den ältesten Fassungen die Aussage:

> „Die quer über das Rechteck [gelegte] Schnur bringt hervor, was die Längsseite und die Breitseite jede für sich hervorbringen."

Mit „quer" ist hier die Diagonale gemeint, mit „hervorbringen" das jeweilige Quadrat. Beweise oder Begründungen gibt es hier ebenso wenig wie in Babylon. Gesetzmäßigkeiten dieser Art dienten praktischen Arbeiten, Konstruktionen und dergleichen. Genauere und sichere Quellen gibt es erst seit Aryabhata um 400 n. Chr.

3.3 Seilspanner, Schnurregeln und pythagoreische Zahlentripel

Bei der Leiteraufgabe im vorigen Abschnitt haben wir bemerkt, dass das Ergebnis ein rechtwinkliges Dreieck mit den Seiten 3/10, 4/10 und 5/10 ist. Hierzu ähnlich ist das rechtwinklige Dreieck mit den ganzzahligen (!) Seiten 3, 4, 5; es gilt $3^2 + 4^2 = 5^2$. (Man erkennt auch hier wieder, dass Aufgaben für Zwecke des Schulunterrichtes von rückwärts, vom gewünschten Ergebnis her, konstruiert wurden; vgl. Abschnitt 1.3 und 1.6.) Das Zahlentripel (3,4,5) ist das wohl bekannteste „pythagoreische Zahlentripel".

Wir definieren: Ein Tripel (a,b,c) ganzer (positiver) Zahlen $a < b < c$ heißt *pythagoreisches Zahlentripel*, wenn gilt:

$$a^2 + b^2 = c^2 ;$$

es heißt teilerfremd, wenn a, b, c keinen gemeinsamen Teiler haben.

Die Umkehrung des pythagoreischen Lehrsatzes besagt: Ist (a,b,c) ein pythagoreisches Zahlentripel, so ist das Dreieck mit den Seitenlängen a, b, c rechtwinklig.

Bereits in der Antike ist es den griechischen Mathematikern gelungen, alle pythagorischen Zahlentripel zu bestimmen. In heutiger Terminologie können wir wie folgt formulieren: Für alle ganzen positiven teilerfremden Zahlen p, q mit $p > q$ ist

$$(p^2 - q^2, \, 2pq, \, p^2 + q^2)$$

ein teilerfremdes pythagoreisches Zahlentripel, was leicht nachzurechnen ist. Nicht trivial ist die Umkehrung: Jedes teilerfremde pythagoreische Zahlentripel hat diese Gestalt.

Die alten Hochkulturen konnten selbstverständlich eine solche Aussage nicht machen. Dennoch ist es möglich, dass eine Regel gefunden worden ist, nach der pythagoreische Zahlentripel berechnet werden konnten. Für Babylon wird dies bekräftigt durch die seinerzeit als sensationell eingestufte Entdeckung einer Tontafel (jetzt in der Plimpton-Sammlung der Columbia-Universität in New York), die die ohnehin schon hohe Bewertung der babylonischen Mathematik nochmals deutlich steigerte.

Auf den ersten Blick macht diese Tafel den Eindruck eines Wirtschaftstextes ohne mathematische Bedeutung. Erst ein genaues Studium durch Otto Neugebauer, der in den zwanziger und dreißiger Jahren des 19. Jahrhunderts alle erreichbaren Keilschrifttafeln mit mathematischem Inhalt ediert hat, zeigte, dass es sich um eine – allerdings unvollständige – Tabelle von pythagoreischen Zahlentripeln handelt. Abb. 24 zeigt ein Foto der Tafel.

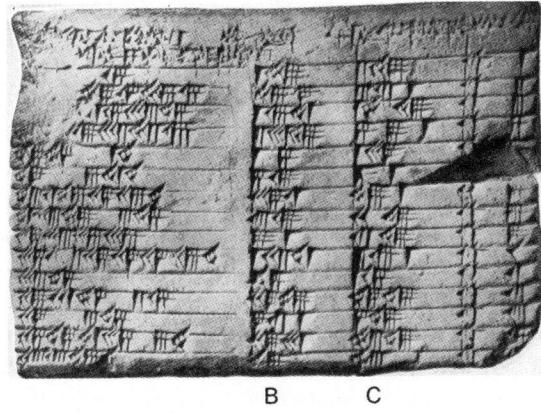

B   C

Abb. 24: Fragment einer Tafel mit Teilen pythagoreischer Zahlentripel .

Die Zahlen in den mit B und C bezeichneten Spalten bilden die kürzere Kathete und die Hypotenuse eines rechtwinkligen Dreiecks in ganzen Zahlen. Da die Tafel an der linken Seite abgebrochen ist, lässt sich nur ohne endgültige Sicherheit rekonstruieren, wie die Werte berechnet worden sind und welche Funktion dabei die linke Spalte hatte. Auf Einzelheiten der verschiedenen Hypothesen gehen wir hier nicht ein. Es ist anzunehmen, dass sich auf dem abgebrochenen Teil der Tafel eine Spalte befunden hat, in der jeweils die fehlende Kathete aufgeführt war – sicher ist das aber keineswegs.

In dezimaler Schreibweise handelt es sich um die pythagoreischen Zahlentripel, die in der Tabelle aufgeführt sind. Ergänzt man sie, wie in der Tabelle geschehen, durch die fehlenden Katheten $2pq$ zu einem pythagoreischen Zahlentripel, so sind alle teilerfremd, bis auf das Tripel $(45,60,74)$ mit dem gemeinsamen Teiler 15; das entsprechende Dreieck ist ähnlich zu demjenigen mit den Seiten 3, 4, 5, das uns schon mehrmals begegnet ist.

B $p^2 - q^2$	C $p^2 + q^2$	Nicht auf der Tafel		
		$2pq$	p	q
119	169	120	12	5
3367	4825	3456	64	27
4601	6649	4800	75	32
12709	18541	13500	125	54
65	97	72	9	4
319	481	360	20	9
2291	3541	2700	54	25
799	1249	960	32	15
481	769	600	25	12
4961	8161	6480	81	40
45	75	60	2	1
1679	2929	2400	48	25
161	289	240	15	8
1771	3229	2700	50	27
56	106	90	9	5

Wir können weder mit Sicherheit sagen, wie die Babylonier pythagoreische Zahlentripel berechnet haben, noch wissen wir, wozu sie ihnen gedient haben könnten. Es ist wohl nicht sehr wahrscheinlich, dass diese schwierigen und umfangreichen Berechnungen nur zu Übungszwecken durchgeführt worden sind. Plausibler ist die Annahme, dass die Tripel – ähnlich wie Potenz-, Reziproken- und andere Tabellen – zum Lösen tatsächlich angefallener (oder möglicher?) konkreter Probleme (wie beispielsweise die Leiteraufgabe im vorigen Abschnitt) nach und nach berechnet und irgendwann zusammengestellt worden sind. Dafür spricht die auffällige Unregelmäßigkeit der Liste und auch, dass in babylonischen Texten – außer den auf der Plimpton-Tafel verzeichneten – vereinzelte weitere pythagoreischen Zahlentripel vorkommen, zum Beispiel (5,12,13), (15,8,17) und (21,20,29). [van der Waerden 1980, S. 16] (Diese entsprechen in obiger Darstellung den Parametern p, q = 2, 3; 1, 4; 2, 5.)

Die zuletzt genannten Tripel kommen auch in China vor, und zwar in Buch IX der „Neun Bücher", außerdem (7,24,25). Es ist dasjenige Buch, das sich, wie oben gesagt, ganz überwiegend mit Anwendungen des pythagoreischen Lehrsatzes befasst.

Die indischen Schnurregeln, die „Sulba-Sutras" (vgl. Abschnitt 1.1), behandeln überwiegend Vorschriften zur Konstruktion von Altären und stellen die dafür notwendigen mathematischen Kenntnisse dar, insbesondere die Methoden zum Abstecken rechter Winkel mit Hilfe von Knotenschnüren und Bambusstäben. Sie beruhen auf dem pythagoreischen Lehrsatz und der Kenntnis pythagoreischer Zahlentripel. Es kommen fünf pythagoreische Zahlentripel vor, und zwar (3,4,5), (5,12,13), (15,8,17), (7,24,25) und (35,12,37). Vermutlich sind sie durch Probieren gefunden worden, denn dazwischen gibt es einfachere, die bei einer systematischen Suche doch eigentlich hätten auffallen müssen.

Trotz vieler Legenden gibt es keine stichhaltigen Hinweise darauf, dass die Ägypter überhaupt den pythagoreischen Lehrsatz kannten. Auch wenn das zutrifft, ist das noch kein Grund anzunehmen, dass sie auch keine pythagoreischen Zahlentripel und den Zusammenhang mit dem rechtwinkligen Dreieck – zumindest in der Praxis – kannten. Immerhin finden wir eine algebraische Aufgabe, deren Lösung das Tripel (3,4,5) liefert (genauer das zweifache davon). Diese Aufgabe aus dem Berliner Papyrus haben wir ausführlich im Abschnitt 2.5 besprochen. Es handelt sich (in unserer Terminologie) um die Gleichungen

$$x^2 + y^2 = 100, \; y = \frac{3}{4}x$$

mit der Lösung

$$x = 8, y = 6, z = 10 \,,$$

wenn $z^2 = x^2 + y^2$ ist. Dass diese Aufgabe ein pythagoreisches Zahlentripel liefert (und ausgerechnet das auch sonst überall bekannte), kann nur schwer als Zufall angesehen werden. Offenbar sind die Zahlen 100 und 3/4 in der Aufgabe bewusst so gewählt, dass gerade diese Lösung herauskommt.

Oft werden die pythagoreischen Zahlentripel mit den Seilspannern in Verbindung gebracht, was in der Tat naheliegt und eine einfache (und unmittelbar einleuchtende) Erklärung für das häufige Auftreten dieser Zahlentripel in allen alten Kulturen darstellt. Die mathematische Grundlage für die Arbeit der Seilspanner wäre demnach folgende Beobachtung: Es sei (a, b, c) ein pythagoreisches Zahlentripel. Markiert man, etwa durch Knoten, auf einem Seil der Länge $a + b + c$ hintereinander die Strecken der Länge a, b, c, verbindet man dann die Seilenden und spannt das Seil so, dass die Markierungen die Ecken eines Dreiecks (mit den Seitenlängen a, b, c) bilden, so ist dieses Dreieck notwendig rechtwinklig. Diese Erkenntnis kann man im Feld, auf der Baustelle oder sonst wo zur Absteckung von rechten Winkeln benutzen. Im Fall des Tripels (3,4,5) spricht man aus naheliegenden Gründen von einer „Zwölfknotenschnur".

Man kann sich leicht erklären, dass rechte Winkel beim Bau von Häusern, Tempeln, Altären und anderen Bauwerken von grundlegender Bedeutung sind. Die existierenden Bauwerke, unter ihnen auch die großen ägyptischen Pyramiden, haben eine extrem genaue, rechtwinklige Grundfläche. Bei der Cheopspyramide mit einer Basislänge von etwa 400 Ellen hat man eine Abweichung von einer Bogenminute (= 1/60 Grad)) festgestellt.

Ob diese Genauigkeit bei Monumentalbauwerken mit Messseilen und insbesondere mit der Zwölfknotenschnur erreicht werden konnte, ist äußerst unwahrscheinlich. Vermutlich mehr als beim Bau sehr großer Gebäude wird die Zwölfknotenschnur bei Grundstücksvermessungen, bei der Konstruktion von Altären und ähnlichen kleineren Objekten zur Anwendung gekommen sein.

Zum Herstellen rechter Winkel mithilfe von Seilen gibt es andere, effektivere Methoden, beispielsweise die, die wir zur Konstruktion der Mittelsenkrechten einer Strecke mit Zirkel und Lineal kennen. Das an einem Pflock befestigte Seil dient dabei als Zirkel. Gleichzeitig ergibt sich der Mittelpunkt der Strecke.

Für die Zwecke der „Seilspanner" im Felde oder auf Baustellen war man also nicht auf pythagoreische Zahlentripel angewiesen, schon gar nicht auf die von der Plimpton-Tafel, die nach der Meinung van der Waerdens nur erfunden wurden, um algebraische Probleme mit rationalen Lösungen zu konstruieren. Es muss demnach eine Tradition gegeben haben, Mathematik mittels sorgfältig konstruierter Aufgaben und deren

Lösungen zu lehren. Dies passt zu unserer obigen Einschätzung und zu den Überlegungen im Zusammenhang mit Schulbildung in den alten Kulturen (vgl. 1.3 und 1.6). Van der Waerden fährt dann fort, dass die genannte Tradition irgendwo im neolithischen Europa ihren Ursprung hatte und sich nach Babylon, Griechenland und China verbreitet hat. Diese Diffusionsthese hat freilich mehr Gegner als Befürworter gefunden.

3.4 Flächen- und Körperberechnungen

Die ebene Geometrie der alten (vorgriechischen) Kulturen bestand aus der „Ausmessung" (Inhaltsberechnung) von geradlinig begrenzten Figuren, meistens Dreiecken, Rechtecken und Trapezen. Diese Figuren traten aber niemals als abstrakte Begriffe auf, sondern als Felder, Baugrundstücke und ähnliches, manchmal in der Gestalt vieleckiger Felderpläne. Die babylonischen Aufgaben betreffen meistens Fragen aus dem Bereich des Hoch- und Tiefbaus, bei denen Geometrie und Arithmetik ineinandergreifen, wie etwa beim Bau von Wällen oder Ausschachtungen für Fundamente oder Kanäle. Ähnlich auch in Indien und China.

Die Geometrie war also im wörtlichen Sinn eine „Erdvermessung". Sie war eine rechnende Geometrie und hatte keine Ähnlichkeit (bis auf wenige Ausnahmen) mit dem, was die Griechen unter Geometrie verstanden. Dadurch, dass die Griechen von konkreten Objekten und zahlenmäßigen Berechnungen Abstand genommen haben, waren sie gezwungen, Beweise zu liefern. An die Stelle der Beweise trat in den frühen Hochkulturen die Rechenprobe. Dennoch standen ihnen Regeln für die elementaren Figuren zur Verfügung, aber wir können nur vermuten, wie sie zu diesen Regeln gekommen sind. Vielleicht reichte die mathematische Intuition bereits soweit, dass man anhand von Zeichnungen zu erfahrungsmäßig richtigen „Annahmen" kam. Wenn beispielsweise einer Zeichnung ohne Weiteres entnommen wurde, dass der Flächeninhalt eines Dreiecks gleich der Hälfte des Rechteckes aus einer Seite und der darauf errichteten Höhe ist (Abb. 25), dürfte dies wohl kaum auf größere Bedenken gestoßen sein.

Dagegen ist man verwundert, den Flächeninhalt eines Vierecks berechnet zu sehen als den vierten Teil seines Umfangs. Diese Merkwürdigkeit bietet die – allerdings aus griechischer Zeit stammende – „Edfu-Formel". So genannt, weil sie am Horustempel in Edfu (etwa 100 km

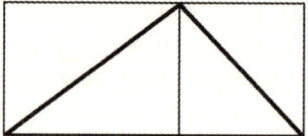

Abb. 25: Zum Flächeninhalt eines Dreiecks.

nördlich von Assuan in Ägypten) entdeckt wurde. Hier wird der Flächeninhalt eines Vierecks entsprechend der Formel $\frac{a+c}{2} \cdot \frac{b+d}{2}$ angegeben, wobei a, c und b, d jeweils gegenüberliegende Seiten bezeichnen. Interessant ist hier die Mittelbildung gegenüberliegender Seiten, die darauf hinweist, dass man einfach die Regel für das Trapez (unzulässig) verallgemeinert hat.

Es ist klar, dass der Fehler bei dieser Regel umso größer wird, je weiter sich das Viereck vom Rechteck entfernt. Interessant ist die Formel auch deshalb, weil sie auch in Babylon, Indien und China bekannt war und noch im europäischen Mittelalter ein zähes Weiterleben führte. Insbesondere von den Agrimensoren, den römischen Feldmessern, wurde sie verwandt. In diesen Bereich ist sie wohl auch generell einzuordnen, und hier hat sie aus praktischen Gründen eine gewisse Berechtigung.

Eine ganz erstaunliche Leistung der ägyptischen Schreiber ist die Berechnung des Volumens eines Pyramidenstumpfs entsprechend der (richtigen) Formel $V = \frac{h}{3}\left(a^2 + ab + b^2\right)$, wobei h die Höhe, a und b die Seitenlängen des unteren beziehungsweise oberen Quadrats bezeichnet. Im Papyrus Moskau wird ein (und nur ein!) Beispiel vorgerechnet mit den Zahlen $a = 4$, $b = 2$ und $h = 6$. Der Text lautet (vgl. Abb. 26):

„Addiere du zusammen diese 16 [$= a^2$] mit dieser 8 [$= 2ab$] und dieser 4 [$= b^2$], es entsteht 28 [$= a^2 + 2ab + b^2$]. Berechne du 1/3 von 6, Es entsteht 2 [$= 1/3\ h$]. Rechne du mit 28 zweimal, es entsteht 56. Siehe, er ist 56. Du hast richtig gefunden."

Kann man glauben, dass die Ägypter den Pyramidenstumpf berechnen konnten, die Pyramide aber nicht? Schwerlich. Selbst wenn sie den Pyramidenstumpf zuerst gefunden haben sollten, müssten sie doch unbedingt daraus auf die Pyramide mit ihrer Volumenformel $V = \frac{h}{3}a^3$ gekommen sein, indem das verschwindende obere Quadrat „vernachlässigt" wurde. Genau dies haben sie bei der Edfu-Formel gemacht. Aus der Vierecks-„Formel" haben sie die Fläche eines Dreiecks (falsch, aber konsequent) abgeleitet, indem sie eine Seite vernachlässigt, gewisser-

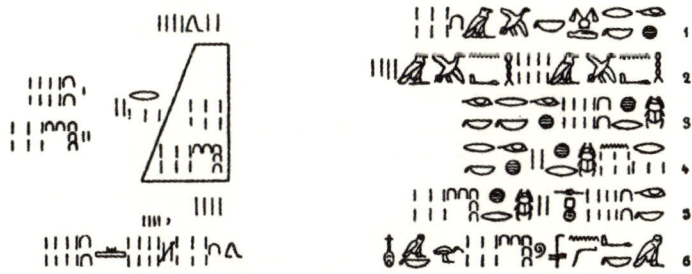

Abb. 26: Berechnung eines Pyramidenstumpfes. In der Skizze erkennt man oben 2 und 4, unten 4 und 16, rechts 6 (Höhe), linke Kante 1/3 von 2, ganz links die Rechnung 28 mal 2 = 56.

maßen gleich 0 gesetzt haben. Vogel schreibt: „Dieses ‚Nichts' wird durch das Bildzeichen der Negation, die abwehrenden Hände dargestellt. Es ist kein Zweifel, dass hier mit der ‚Null' bereits gerechnet wird!" [Vogel Teil I, S. 6]

Das Volumen eines Pyramidenstumpfes konnten die Babylonier nicht berechnen! Sie haben es zwar versucht, aber es ist gründlich schiefgegangen. In Analogie zur „Formel" für den Trapezinhalt haben sie das Volumen als die halbe Summe von Grund- und Deckfläche mal Höhe genommen; desgleichen beim Kegelstumpf. (Neugebauer vermutet auch eine exakte Berechnung eines Pyramidenstumpfes auf der Tafel [BM 85194], die allerdings wegen eines Rechenfehlers und teilweiser Unleserlichkeit nicht sicher ist [Neugebauer 1969, S. 171].)

In China wurde die Praxis, geradlinig begrenzte Flächen in elementare Figuren wie Dreieck, Rechteck oder Trapez zu zerlegen, analog auf Körper, die durch ebene Flächen begrenzt sind, angewandt, indem man sie durch Schnitte mit Ebenen durch drei oder mehr Eckpunkte in Prismen zerlegte. [Martzloff, S. 282]

Eine Herausforderung besonderer Art war die Berechnung von krummlinig begrenzten Figuren. Dabei stießen selbst die Griechen auf harte Probleme, und von den vorgriechischen Kulturen konnten diese selbstverständlich nicht wirklich gelöst werden. In den Texten handelt es sich ausschließlich um Begrenzungen durch Kreisbögen. Dafür gab es immerhin interessante Näherungsverfahren, merkwürdigerweise ohne darauf hinzuweisen, dass es sich eben um Näherungen und nicht um exakte Lösungen handelt. Die Quellen erwecken den Anschein, dass man damit gar kein Problem hatte, dass man mit Näherungen einfach zufrieden war; den Praktiker kennzeichnet das ja bis heute.

3.5 Welches π? – Kreisberechnung

Sowohl in Indien als auch in China konnte man die Fläche eines Kreises aus dem Radius r und dem Umfang U berechnen gemäß der Regel $F = 1/2 \cdot r \cdot U$ (was erst Archimedes bewiesen hat). Noch Kepler hat sich diesen Zusammenhang von Fläche, Radius und Umfang klargemacht, wie in Abb. 26 angedeutet, indem er den Kreis durch ein einbeschriebenes Vieleck – mit sehr viel gedachten Ecken – angenähert hat. Dieser Gedanke könnte auch, wenn auch nicht so explizit, in China und Indien zu der genannten Regel geführt haben.

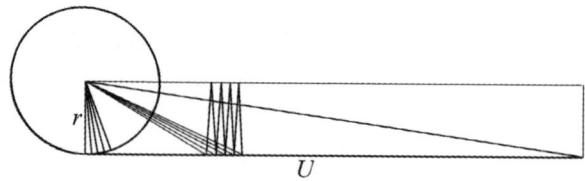

Abb. 27: Näherungsweise Berechnung der Kreisfläche aus Radius und Umfang.

Naheliegend ist nun die Frage, wie sich der Umfang eines Kreises (und damit auch die Kreisfläche selbst) durch seinen Radius allein berechnen lässt. Wie wir heute wissen, kann es dafür nur Näherungslösungen geben, da in der Gleichung $U = 2\pi \cdot r$ der Faktor $\pi = 3{,}14159\ldots$ keine rationale Zahl ist und irrationale Zahlen völlig außerhalb der Reichweite der Mathematiker in den hier zu behandelnden Epochen lagen.

Die Babylonier benutzten für π den „Erfahrungswert" 3. Dieser Wert ist in die jüdische Überlieferung eingegangen. Im Alten Testament, 1 Kön 7, 22 f. heißt es:

> „Die Verfertigung der Säulen ward vollendet, als er das ‚Meer' als erzgegossene Arbeit schuf. Er maß von einem Rand bis zum andern zehn Ellen, war vollkommen rund und fünf Ellen hoch. Eine Schnur von 30 Ellen umspannte es."

Später wurde, vermutlich durch ägyptischen Einfluss, auch der Wert $3\frac{1}{8}$ benutzt.

In den ägyptischen Quellen gibt es zwei (im Wesentlichen identische) Aufgaben, in denen eine Kreisfläche berechnet wird. Es handelt sich um die Aufgaben 48 und 50 im Papyrus Rhind (Abb. 28 links). Sie bestehen allerdings nur aus einer Rechnung (in hieratischer Schrift) ohne Begleittext und haben Anlass zu allerhand Spekulationen gegeben. In beiden Fällen geht es um die Berechnung der Fläche eines Kreises vom Durchmesser 9.

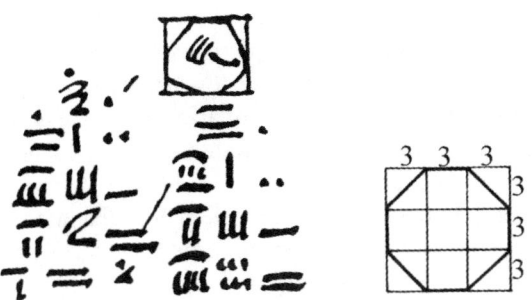

Abb. 28: Zur Kreisberechnung. Papyrus Rhind, Aufgabe 48.

Berechnet wird die Fläche eines Achtecks richtig zu $81 - 18 = 63$ (Abb. 28 rechts). Die angenäherte Kreisfläche F wird dann angenommen als

$$8^2 = 64 = (9-1)^2 = \left(d - \frac{d}{9}\right)^2 = \frac{64}{81}d^2 = \frac{256}{81}r^2.$$

Ein Vergleich mit der Formel $F = \pi \cdot r^2$ ergibt den erstaunlich präzisen Wert $\pi = \frac{256}{81} \approx 3,1605$.

Ob die ägyptischen Schreiber auch in anderen Beispielen so gerechnet hätten (oder haben), kann aus den beiden bekannten Beispielen selbstverständlich nicht gefolgert werden.

Ein Lehrstück in Quellenkritik ist die Aufgabe 10 im Moskauer Papyrus. Hier soll die Oberfläche eines „Korbes" berechnet werden. Der unklare Text wird auf verschiedene Weise interpretiert (vgl. [Neugebauer 1969, S. 129ff] und [van der Waerden, S. 53]). Nach der einen handelt es sich um die Oberfläche einer Halbkugel vom Durchmesser $d = 4\frac{1}{2}$ mit dem richtigen Ergebnis

$$F = \frac{1}{2}\pi \cdot d^2,$$

wobei wie üblich $\pi = \frac{256}{81}$ angenommen wird. Wenn diese Interpretation des Textes richtig wäre, wäre das sensationell. So recht glauben kann man es nicht, zumal nirgends sonst ein Hinweis gefunden wurde, wie man dazu gekommen sein könnte (was allerdings auch sonst selten der Fall ist). Die andere Lesart interpretiert den Text so, dass es sich um die halbe Mantelfläche eines Zylinders (Halbzylinder) vom Durchmesser $d = 4\frac{1}{2}$ und der Höhe $h = d$ handelt. In diesem Fall wäre das ebenfalls richtige Ergebnis $F = \frac{1}{2}\pi \cdot d \cdot h$ nicht sehr überraschend, da es sich ja – abgewickelt – nur um ein Rechteck mit den Seiten $\frac{1}{2}d\pi$ und h handeln würde. Vom Ergebnis her gesehen – die textkritischen Fragen einmal beiseite gelassen – scheint diese Interpretation dem Gesamteindruck, den wir von den Kenntnissen und Fähigkeiten der ägyptischen „Mathematiker" haben, mehr zu entsprechen.

In der Geometrie Indiens wurden Formeln für Flächen- und Volumenberechnungen gelehrt (teils richtig, teils falsch, hierin den Babyloniern ähnlich). Bemerkenswert ist der Wert $\pi = 62832/20000 = 3,1416$, dessen Herkunft unbekannt ist. Meistens wurde, wie in Babylon, mit $\pi = 3$ gearbeitet, bestenfalls mit $\pi = \sqrt{10} \approx 3,1622$.

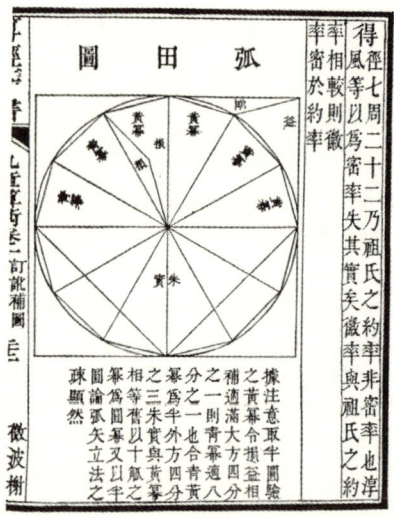

Abb. 29: Illustration zu den „Neun Büchern" von Dai Zhen, in der er Liu Huis Approximationsmethode für π darstellt [Scriba, S. 118].

In China wurde für π ebenfalls der Wert 3 benutzt, mit einer Ausnahme: in Buch IV, Aufgabe 23 von Liu Huis Kommentar (um 400 n. Chr.) zu den „Neun Büchern" wird mit $3\frac{3}{8}$ gerechnet. Liu Hui selbst approximierte den Flächeninhalt eines Kreises durch den eines ein- und eines umbeschriebenen 192-Ecks. Daraus erhielt er (in unseren Bezeichnungen) die Abschätzung [Juschkewitsch, S. 57]

$$3,14\frac{64}{625} = 3,141024 < \pi < 3,142704 = 3,14\frac{169}{625}.$$

Später hat er mittels eines 3072-Ecks den Wert 3927 : 1250 = 3,1416 ermittelt [Gericke 1984, S. 173]. Im 5. Jahrhundert n. Chr. gab der Astronom Tsu Ch'ung Chih sogar 3,14159292 und 3,1415926 als untere bzw. obere Schranke für π an, eine Genauigkeit, die in Europa erst wieder durch Viète gegen Ende des 16. Jahrhunderts erreicht wurde.

Stellt man sich vor, dass die griechischen Orientreisenden auch nur entfernt von dieser verworrenen Situation erfahren haben, so wird man leicht verstehen, dass bei ihnen der Wunsch nach einer prinzipiellen Klärung widersprüchlicher Überlieferungen Gestalt angenommen hat.

3.6 Anfänge der Trigonometrie

In der Trigonometrie geht es dem Wortsinn nach um das Ausmessen von Dreiecken, genauer um Beziehungen zwischen den Seiten und Winkeln eines Dreiecks. Der Zweck besteht in erster Linie darin, aus bekannten Stücken eines Dreiecks andere (noch) unbekannte zu bestimmen. Außer Streckenmessung benötigt man also eine Winkelmessung.

Das gängige Winkelmaß ist die Grad-Einteilung. Dabei wird um den Scheitelpunkt des Winkels ein Kreis mit beliebigem Radius geschlagen und die Kreislinie in 360 gleiche Teile geteilt. Jeder Teil entspricht dann einem Winkel von 1°. Ein rechter Winkel hat 90°, ein gestreckter Winkel 180°. Das Grad wird weiter unterteilt in 60 Minuten (*partes minutae*), diese in 60 Sekunden (*partes secundae*).

Die Einteilung der Kreislinie in 360 Teile ist – ebenso wie die Einteilung der Stunde in 60 Minuten und der Minute in 60 Sekunden – ein Relikt des babylonischen Sexagesimalsystems. Auch nach der Übernahme des Dezimalsystems für ganze Zahlen hat sich das Sexagesimalsystem in der Bruchrechnung, also zur Darstellung von Zahlen kleiner als 1, bis in die frühe Neuzeit erhalten. Der Gebrauch in der abendländischen Astronomie geht vor allem auf die Adaption der astronomischen Kenntnisse aus Mesopotamien durch griechische Astronomen zurück, und hier besonders auf das für mehr als tausend Jahre einflussreiche Werk des Ptolemaios.

Statt eine Kreislinie zu teilen, ist es aus vielerlei Gründen vorteilhaf-
ter, die Winkelmessung auf die Streckenmessung zurückzuführen. Bei
den Griechen geschah das in der Weise, dass ein Kreis um den Scheitelpunkt des Winkels geschlagen wurde und die durch die Schenkel gebildete Sehne als Maß für den Winkel genommen wurde – ein Maß, dass
natürlich abhängig ist von der Wahl des Kreisradius (Abb. 30 links).

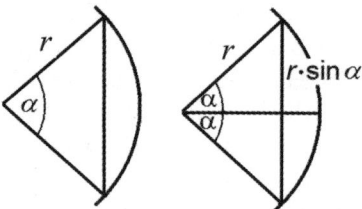

Abb. 30: Griechische und indische Winkelmessung.

Die Inder sind die eigentlichen Erfinder dessen, was wir heute *Sinus*
nennen. Statt der Sehne haben sie die halbe Sehne des doppelten Winkels gewählt (Abb. 30 rechts). Das scheint auf den ersten Blick die Sache komplizierter zu machen, aber die Tatsache, dass die griechische
Sehnentrigonometrie vollständig verschwunden ist, zeigt, dass sich die
indische Methode in der Praxis als vorteilhaft erwiesen hat. Dieser Vorteil besteht hauptsächlich darin, dass man es beim Sinus mit einem
rechtwinkligen Dreieck zu tun hat: Im rechtwinkligen Dreieck ist der
Sinus eines Winkels gleich dem Verhältnis von gegenüberliegender
Kathete zu Hypotenuse.

Die indische Trigonometrie war stark vom Aufschwung der Astronomie beeinflusst, die in dieser Kultur hoch geschätzt wurde. Sie wurde
durch die griechische Astronomie (von Hipparch, um 150 v. Chr., bis
Ptolemaios, um 150 n. Chr.) beeinflusst und auf dieser und der eigenen
Grundlage weiter entwickelt.

Zuerst trat der Begriff „Sinus" in der Surya-Siddhanta und der Aryabhatiya (4./5. Jahrhundert n. Chr.) auf unter dem Namen „jiva". Arabisch
wurde es „gaib", was soviel wie Ausbuchtung, Busen bedeutet, und von
Robert von Chester um 1120 n. Chr. richtig mit „sinus" ins Lateinische
übersetzt wurde. (Das macht auch Sinn, wenn man an den Funktions-
graphen denkt, der damals natürlich noch nicht im Blickfeld war.)

In den genannten Quellen ist die Theorie schon so weit ausgebaut,
dass eine Sinus-Tabelle berechnet werden konnte, das heißt Werte des

Sinus für Winkel von 0° bis 90° in Schrittweiten von 3°45' (bei fest gewähltem Radius).

Im alten China und Babylon sind trigonometrische Berechnungen nicht zu finden. Berechnungen im rechtwinkligen Dreieck beziehen sich ausschließlich auf die Seiten und sind Anwendungen des pythagoreischen Lehrsatzes. Darüber hinaus ist der „Begriff" der Ähnlichkeit von Dreiecken zumindest in Indien und China bekannt, woraus sich Zusammenhänge zwischen gleichwinkligen Dreiecken ergeben. Anwendung finden diese Kenntnisse besonders bei Entfernungs- und Höhenbestimmungen durch die Messung von Schattenlängen. Spezielle Fälle, wie das Kathetenverhältnis bei ähnlichen rechtwinkligen Dreiecken, sind, wenn auch nicht explizit ausgesprochen, zur Anwendung gekommen, beispielsweise beim „Rücksprung" von Böschungen oder Wänden.

Die Neigung einer Böschung, einer schrägen Wand oder ähnlichem festzulegen, hat sich in allen alten Kulturen als notwendig erwiesen. Paradebeispiele hierfür sind die ägyptischen Pyramiden. In der Tat finden wir im Papyrus Rhind die Aufgabe 36, aus der Länge der Grundseite und der Höhe der Pyramide den „Rücksprung" (seqed) zu berechnen (Abb. 31). Die Lösung sagt, man solle die halbe Seitenlänge durch die Höhe dividieren, das Ergebnis gebe den Rücksprung. Demnach ist also der Rücksprung das Maß in Handbreiten, das die schiefe Ebene pro senkrecht gemessener Elle „zurückspringt".

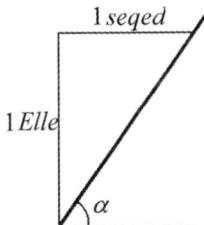

Abb. 31: „Rücksprung" (nach Papyrus Rhind, Aufgabe 36).

In moderner Terminologie handelt es sich beim Rücksprung um den Kotangens des Steigungswinkels der schiefen Ebene, was leicht dazu verleitet, hier im Papyrus Rhind die Anfänge einer Trigonometrie zu erblicken; man muss aber sehen, dass es sich lediglich um eine Maßeinheit handelt, eine mathematische Reflexion welcher Art auch immer schließt sich dem nicht an.

Teil II

Die Mathematik im alten Griechenland

4. Vorbereitungen

4.1 Geschichtliche Grundlagen

„Es sagte nun freilich der gefeierte Aristoteles, dieselben Anschauungen kehrten häufig wieder bei den Menschen in verschiedenen Weltperioden; und nicht in unserer Zeit oder der Zeit derer, die wir kannten, hätten die Wissenschaften zum ersten Male ihren Ursprung genommen, sondern auch in anderen Perioden (unmöglich zu sagen, wie viele ihrer schon waren und noch sein werden) seien sie aufgeblüht und wieder verschwunden ... Und es ist nicht zu verwundern, dass das praktische Bedürfnis zur Schaffung dieser und der anderen Wissenschaften führte, da alles im Bereich des Werdens vom Unvollkommenen zum Vollkommenen sich entwickelt. Von der Sinneswahrnehmung möchte also füglich der Übergang zum logischen Denken und von diesem zur reinen Geistesschau erfolgen." [Proklos S. 210]

Während im 2. Jahrtausend v. Chr. in Babylon und Ägypten die Mathematik in höchster Blüte stand, sah Griechenland sich mehreren Einwanderungswellen „barbarischer" indogermanischer Stämme gegenüber. Die mykenische Ritterkultur wurde aus Makedonien und Mittelgriechenland verdrängt, am Ende des Jahrtausends waren ihre großen Burganlagen (Troja, Mykene) zerstört.

In den folgenden Jahrhunderten erfolgte ein kultureller Aufschwung. Die Tradition der Wandersänger und ihrer mündlich überlieferten Dichtung fand am Ende des 8. Jahrhunderts v. Chr. ihren Abschluss. Das phönizische Alphabet wurde übernommen und die Epen des Homer, des Schöpfers der olympischen Mythologie, wurden schriftlich niedergelegt. In der Kunst dominierte der geometrische Stil der Vasenmalerei. Allmählich bildete sich ein Zusammengehörigkeitsgefühl unter den Stadtstaaten aufgrund gemeinsamer Kultur, Sprache und Religion. Die Einheit wurde symbolisiert durch die olympischen Spiele im Zeusheiligtum in Olympia und das „Orakel von Delphi", das aus allen Stadtstaaten, aber auch von Nichtgriechen besucht wurde.

Um 600 v. Chr. fand die seit 200 Jahren dauernde Kolonisierung des Mittelmeerraumes im Wesentlichen ihren Abschluss. Die ionischen Städte entwickelten sich durch ihre exponierte Lage am Schnittpunkt der Handelswege nach Syrien und Ägypten zur See sowie nach Mesopotamien bis Indien zu Lande zu reichen Handelsplätzen. Der wirtschaftliche Wohlstand brachte eine Klasse reicher Kaufleute hervor. Die sich ergebenden kulturellen Einflüsse wurden nicht einfach übernommen, sondern in eine entwicklungsfähige Tradition eingebettet.

Das seit etwa 1400 v. Chr. bestehende Assyrische Reich ging durch innere Unruhen und Einfälle von außen zugrunde. Die assyrischen Städte wurden dem Erdboden gleich gemacht: Assur 614, Ninive 612. Das neubabylonische Reich erlebte in der ersten Hälfte des sechsten Jahrhunderts eine kurze Hochblüte, in der Babylon prächtig ausgebaut wurde. Die berühmte Prozessionsstraße mit dem Ischtartor und der sagenhafte „Turm zu Babel" mit einer Höhe von etwa 90 Metern gehören dieser Epoche an. Danach kam der ganze vordere Orient unter die Herrschaft Persiens.

560–546 v. Chr. wurden alle Griechenstädte Ioniens außer Milet von dem Lyderkönig Krösus unterworfen. Die Lyder scheiterten im Kampf gegen einen neuen Gegner: Persien. Der Perserkönig Kyros II. eroberte Lydien und unterwarf alle Griechenstädte Ioniens. Auch Ägypten kam unter persische Herrschaft. Athen gelang es, die Perser 490 v. Chr. in der Schlacht von Marathon vorläufig, und 480 in der Seeschlacht von Salamis endgültig zurückzuschlagen.

Nach den siegreich überstandenen Perserkriegen entfaltete sich im 5. Jahrhundert in Griechenland, insbesondere in Athen, das große Zeitalter der klassischen Kultur, die attische oder athenische Periode. Die berühmten Bauwerke der Akropolis und der Zeustempel von Olympia wurden errichtet. In der Politik (Perikles), in Kunst und Architektur (Phidias), Literatur (Aischylos, Sophokles, Euripides, Aristophanes), Geschichtsschreibung (Herodot) und Philosophie (Xenophanes, Parmenides und Zenon von Elea) wurden die Fundamente der abendländischen Kultur gelegt. Nicht wenig daran beteiligt waren Mathematiker. Hippasos, Hippokrates, Demokrit, Hippias und Theaitetos prägten die Richtung, in der sich die Mathematik entfaltete, bis sie ihre höchste Blüte unter Euklid, Archimedes und Apollonius erreichte. Das 4. Jahrhundert brachte die genialen Mathematiker Eudoxos und Archytas hervor und die großen Philosophen Platon und Aristoteles, deren Einfluss auf die Geschichte des Abendlandes gar nicht überschätzt werden kann.

Bereits in der Zeit des Perikles stellten sich Anzeichen des Niederganges der griechischen Stadtstaaten ein. Der Peloponnesische Krieg (431–404 v. Chr.) und die sich anschließenden Kämpfe und Bruderkriege zwischen den Stadtstaaten schwächten Griechenland. So war es nicht mehr imstande, dem Ansturm der Makedonier aus Nordgriechenland unter Philipp II. und dessen Sohn Alexander zu widerstehen – die hellenistische Epoche begann.

Im Gefolge der Heerzüge Alexanders vollzog sich ein einschneidender Wandel der griechischen Gesellschaft. Der Grieche empfand sich nicht mehr als Teil der eigenen Polis, sondern als Kosmopolit, als Weltbürger. Fast die ganze damals bekannte Welt wurde „hellenisiert“: Griechenland, Kleinasien, Ägypten, das persische Reich bis nach Indien.

Die Künstler suchten sich neue Auftraggeber und Tätigkeitsfelder in diesem riesigen Reich. Alexandria, die neue, durch Alexander gegründete Metropole am Nildelta, wurde mit ihrem Museion zum Zentrum der wissenschaftlichen Welt. Hier wirkten, wenigstens zeitweise, alle bekannten Mathematiker der Zeit: Euklid, Archimedes, Apollonius, Diophant, Pappos, Eratosthenes, Ptolemaios. Das Zentrum der Philosophie blieb eher in Athen: in der Akademie Platos und dem Lyzeum des Aristoteles.

4.2 Vom Mythos zum Logos – Der ionische Rationalismus

Im 6. Jahrhundert v. Chr. war das Weltbild der Griechen geprägt durch uralte Mythen. Die Mythen gaben Erklärungen über den Ursprung der Welt und des Lebens, sie regelten das Zusammenleben der Menschen und gaben ihnen Halt.

Den Griechenstädten an der ägäischen („ionischen“) Küste Kleinasiens, der Westküste der heutigen Türkei, an den Handelswegen zu Land und zur See nach Ägypten und in den Orient, fiel der Ruhm zu, dass hier zuerst diese Mythen daraufhin hinterfragt wurden, welchen Beitrag sie zur Erklärung der Wirklichkeit leisteten, zum Woher und Wohin der Welt, welche Mythen der fragenden Vernunft verständliche Hinweise geben konnten. Es war die Vernunft, mit der die Natur selbst befragt und mit deren Mitteln überzeugende Erklärungen gewonnen werden sollten.

Als einer der ersten, die sich auf diesen Weg des „ionischen Rationalismus" machten, gilt Thales aus der ionischen Handelsstadt Milet, der dadurch als „Urvater der Philosophen" in die Geschichte eingegangen ist. Sein Geburtsjahr 624 v. Chr. und sein Todesjahr 546 v. Chr. sind vergleichsweise zuverlässig überliefert, die Berichte über sein Leben und Wirken sind dagegen fragmentarisch und widersprüchlich. Schon im 5. Jahrhundert waren viele Legenden über ihn, den ältesten der „Sieben Weisen", im Umlauf.

Aristoteles stellt ihn als „cleveren" Geschäftsmann dar: Als er eines Tages bemerkte, dass die Olivenernte besonders reichhaltig zu werden versprach, kaufte er alle Ölpressen in seiner Umgebung. Als die Ernte wie erwartet ausfiel, vermietete er sie zu einem hohen Preis. Damit habe Thales bewiesen, dass auch Philosophen reich werden könnten, wenn sie nur wollten, ihr Ehrgeiz sei das aber nicht.

Auf Grund einer Schilderung Herodots und anderer Überlieferungen und Anekdoten gilt Thales als der erste griechische Astronom. Als sich am Fluss Halys (im heutigen Ostanatolien) die Heere der Lyder und Meder gegenüberstanden, verwandelte sich plötzlich der Tag in Nacht, was die Soldaten derart in Angst versetzte, dass sie die Waffen fallen ließen und auseinander liefen. Thales hatte dieses Naturereignis vorhergesagt; man nimmt heute an, dass es sich um die Sonnenfinsternis von 585 v. Chr. gehandelt hat. Thales muss für eine solche Vorhersage Kenntnisse von Langzeitbeobachtungen gehabt haben, für die nur babylonische Quellen in Frage kommen; auf jeden Fall konnten sie nicht aus Griechenland stammen. Tatsächlich wird berichtet, Thales sei (auf Geschäftsreisen?) in Ägypten gewesen, wo er sich gründlich in die einheimische Wissenschaft habe einführen lassen. Ebenso gut könnte er in den Vorderen Orient gereist sein, wo die Astronomie bedeutend weiter entwickelt war als in Ägypten.

Zu seinem Ruhm als Astronom hat auch die Erzählung Platons beigetragen, nach der Thales auf einem Spaziergang, die Sterne beobachtend, in einen Brunnen gefallen sei, worauf ihn eine thrakische Magd mit den Worten verspottet habe:

„Er will wissen, was am Himmel ist, aber es bleibt ihm verborgen, was zu seinen Füßen liegt."

Als Philosoph war Thales der Überzeugung, dass der Mensch die überlieferten Glaubenssätze hinterfragen muss. Seine These war, alles sei aus dem Wasser entstanden und werde durch dieses am Leben gehalten.

Ein Zusammentreffen von Mathematik und Philosophie in der Person des Thales ist nicht zu erkennen. Obgleich Thales von späteren Autoren ein beachtliches Maß an mathematischen Kenntnissen zugeschrieben wird, auf die wir in Abschnitt 5.1 genauer eingehen, hat das auf seine naturphilosophischen Spekulationen anscheinend keinen Einfluss gehabt.

Die erste Berührung von Mathematik und kosmologischer Spekulation finden wir bei dem Thalesschüler Anaximander (etwa 610 bis nach 547). Von ihm soll der Begriff „Kosmos" als ein planvoll geordnetes und daher in seinen Strukturen prinzipiell erkennbares Universum stammen. Für seine Kosmologie gilt, der pythagoräischen im Prinzip nicht unähnlich: Die Erde schwebt in Form eines Säulensteins im All. Um diese Säule drehen sich drei Räder (ohne Speichen), deren Felgen mit Feuer gefüllt sind: zuerst das Fixsternrad, weiter weg das Mondrad und ganz fern das Sonnenrad. In den Felgen befinden sich Löcher, und die aus ihnen hervorbrechenden Feuer sehen wir als Gestirne. 3 : 1 ist das Verhältnis von Durchmesser zu Höhe der Erdsäule, die Durchmesser der Räder sind, in Erddurchmessern gemessen, $1 \times 3 \times 3$, $2 \times 3 \times 3$ und $3 \times 3 \times 3$.

Der ganze Kosmos ist nach Anaximander nicht ewig, sondern entsteht aus dem „Apeiron", dem Unbegrenzten, und geht nach einer gewissen Zeit wieder im Grenzenlosen unter. In dem erhaltenen Fragment einer Schrift von Anaximander heißt es:

„Woraus aber die Dinge ihre Entstehung haben, dahin geht auch ihr Vergehen nach der Notwendigkeit."

Anaximander hat eine Weltkarte mit der Erde im Zentrum aus Erz angefertigt, die später von Hekataios von Milet verbessert worden ist.

Wieder zum stofflichen Urgrund, darin Thales ähnlich, kehrte der dritte Vertreter der ionischen Schule zurück: Anaximenes (etwa 585–525). Nach ihm ist der Urgrund der Welt und des Lebens die Luft. Sie ist das Prinzip, aus dem durch Verdünnung und Verdichtung, Erwärmung und Kälte der Kosmos entsteht und vergeht. Anaximenes soll eine Erdbebentheorie gegeben haben und richtige Theorien über das Mondlicht und seine Verfinsterungen.

Nach all dem scheint uns Heutigen der naturwissenschaftliche Ertrag des vielgerühmten Rationalismus der ionischen Aufklärung doch recht gering. Wurden hier nicht alte Mythen durch neue ersetzt? Wurde hier nicht babylonisch geprägte Zahlenmystik mit rationaler Naturerkenntnis vermischt? Von mathematischer Naturbeschreibung scheint man jedenfalls – trotz der Spekulationen des Anaximander – noch weit entfernt zu sein. Das Entscheidende aber ist, und hierin liegt der Beginn der Philosophie, dass die alten Mythen neu und undogmatisch durchdacht und auf der Suche nach neuen Begründungen hinterfragt wurden. Wenn auch von Naturwissenschaft noch nicht die Rede sein kann, begann doch schon so etwas wie eine Naturphilosophie, ein Nachdenken über die Natur, eine planvolle Suche nach Gesetzmäßigkeiten in den Naturerscheinungen und nach Möglichkeiten, diese zu beschreiben und überzeugend zu erklären und zu vermitteln. Es war der Versuch, die Welt als Einheit, als harmonisch geordneten Kosmos zu erkennen und zu verstehen.

4.3 Mensch und Kosmos – Die Pythagoreer

Quellen, die uns zuverlässige Nachrichten über Pythagoras oder seine Begleiter geben, sind kaum vorhanden; im Vordergrund stand die mündliche Überlieferung. Ausnahmen sind Fragmente von Philolaos (2. Hälfte des 5. Jahrhunderts) und Archytas (1. Hälfte des 4. Jahrhunderts). Unsere Kenntnis der pythagoreischen Lehren verdanken wir vor allem vereinzelten Mitteilungen von Platon und Aristoteles. Wichtig, jedoch in ihrer Zuverlässigkeit umstritten, sind auch Schriften von Neupythagoreern wie die „Arithmetik" des Nikomachos von Gerasa (um 100 n. Chr.). Hier ist es aber nicht leicht, wirklich Altes von Neuerem und Legendärem, Altpythagoreisches von Neupythagoreischem zu unterscheiden. Daher wird im Folgenden nicht zwischen Erkenntnissen des Pythagoras selbst und denen seiner Schule unterschieden.

Sicher ist, dass Pythagoras auf der Ägäisinsel Samos geboren wurde und im damaligen Metapont am Golf von Tarent in Süditalien gestorben ist. Die Unsicherheiten beginnen schon bei der Lebenszeit. Das Geburtsjahr wird zwischen 580 und 560 v. Chr. gelegen haben, das Todesjahr zwischen 500 und 480 v. Chr.

Pythagoras soll sich lange in Ägypten und im Vorderen Orient aufgehalten haben und von den dortigen Priestern in die Geheimnisse der lokalen Mysterien eingeweiht worden sein. Auch die in diesen Kreisen verbreitete Zahlenmystik kann ihm dabei nicht fremd geblieben sein.

Zunächst kehrte Pythagoras in seine Heimat zurück, verließ diese jedoch wegen des unerträglichen Drucks des Tyrannen Polykrates und ließ sich in Süditalien nieder, zunächst in Kroton (dem heutigen Crotone in Kalabrien), später in Metapont am Golf von Tarent.

Er sammelte Schüler um sich und gründete eine Gemeinschaft, die sich rasch auf andere Orte Süditaliens ausbreitete. Man lebte mit gemeinsamem Besitz und nahm die Mahlzeiten gemeinsam ein. Bei den Lehren, die Pythagoras unter dem Siegel der Verschwiegenheit verbreitete, handelte es sich vor allem um Ermahnungen und Anleitungen zu sittlicher und frommer Lebenshaltung. Vegetarische Ernährung als Konsequenz aus dem Glauben an die Seelenwanderung war nur eine von vielen Vorschriften. Hierauf bezieht sich die folgende Anekdote, die von Xenophanes überliefert ist [Capelle, S. 100]:

„Und – so erzählt man – einst sei er [Pythagoras] vorbeigegangen, als ein Hund geschlagen wurde; da habe er Mitleid empfunden und das Wort gesprochen: ‚Hör auf und schlag [das Tier] nicht. Es ist ja die Seele eines befreundeten Mannes, die ich wiedererkannte, als ich das Winseln hörte‘.“

Weitere Legenden dieser Art zeigen Pythagoras als Schamanen, der mit außergewöhnlichen übersinnlichen Fähigkeiten ausgestattet war. Hätte sich aber die pythagoreische Bewegung auf solche „Kuriositäten“ beschränkt, hätte sie vermutlich nicht derart tiefe Spuren in der Geschichte hinterlassen, die über das Mittelalter und die Renaissance bis in unsere Tage führen.

Eine andere Seite des Pythagoras zeigt ein Ereignis, von dem mehrere spätantike Autoren berichten: Als Pythagoras an einer Schmiede vorbeiging, bemerkte er, dass die Klänge, die die Hämmer beim Schlagen erzeugten, eine Quinte, eine Quarte und eine Oktave bildeten. Daraufhin stellte Pythagoras Untersuchungen an, die ergaben, dass sich das Gewicht der Hämmer ebenso verhielt wie die Höhe der Töne, die sie erzeugten. Er führte noch weitere Versuche durch, indem er gleich lange und dicke Saiten durch verschiedene Gewichte spannte und gelangte zu dem Ergebnis, dass die Höhe der Töne, die die Saiten erzeugten, proportional sei zu den Gewichten, die sie spannten. Die Überlieferung berichtet noch von weiteren Versuchen mit gespannten Saiten, Glocken und Flöten.

Es kann hier nicht um eine physikalische Beurteilung dieser Legende gehen. Pythagoras war ganz sicher kein experimenteller Physiker. Richtig war die Entdeckung: Wird eine Saite gezupft und gleich danach die im Verhältnis 1 : 2 verkürzte Saite, so erklingt eine Oktave, wird eine Saite im Verhältnis 3 : 4 verkürzt, erklingt eine Quarte, wird sie im Verhältnis 2 : 3 verkürzt, erklingt eine Quinte (vgl. 5.2).

Doch damit gaben sich die Pythagoreer nicht zufrieden. Wenn die Musik, die so tief in das menschliche Leben eingreifen kann (man denke nur an den Mythos von Orpheus, der durch seinen Gesang sogar wilde Tiere zähmte), von Zahlen beherrscht wird, so musste das von der Natur überhaupt gelten.

Zahlen – daran konnte es folglich keinen Zweifel geben – bestimmen das harmonische Zusammenspiel der Himmelskörper und der Töne. Durch die Zahlen und ihre Verhältnisse lebt das Universum, und durch sie wird es in harmonischem Gleichklang gehalten.

Die Faszination, die von diesen Entdeckungen ausging, hat Pythagoras und seine Schüler veranlasst – und das ist für die folgende Entwicklung entscheidend –, sich dem Studium der Gesetze der Zahlen zu widmen. Diese Untersuchungen stellen den Anfang der abendländischen Mathematik dar. Bei aller Unsicherheit der Überlieferung kann doch eine Lehre des Pythagoras als gesichert angesehen werden: die Lehre, die für die Pythagoreer und Neupythagoreer aller Zeiten unangreifbar war, „Alles ist Zahl".

Zahlen dienten fortan nicht nur zur Beschreibung von Vorgängen oder Gesetzmäßigkeiten in der Welt (die Pythagoreer waren, wie wir schon bemerkt haben, keine Naturwissenschaftler), sie bilden vielmehr die Substanz und den Stoff, aus denen die Dinge bestehen. Die Zahl ist der Urstoff der Welt und des Lebens.

Ein Zitat des Pythagoreers Philolaos bezeugt die geradezu religiöse Verehrung der Zahl, die ein wesentliches Kennzeichen der Pythagoreer blieb (vgl. [Capelle, S. 477]):

„Denn groß und vollkommen vollendet und alles bewirkend und göttlichen und himmlischen sowie menschlichen Lebens Anfang sowie Anteil nehmende Führerin ist die Kraft der Zahl."

Der Grund zu solch mystischer Überhöhung der Zahl mag schon durch die Zahlenmystik gelegt worden sein, die Pythagoras wohl bei seinem Aufenthalt im Orient kennengelernt haben dürfte. Die Beobachtung, dass die musikalischen Harmonien durch Zahlenverhältnisse bestimmt sind, wird solche Vorstellungen noch gefördert haben.

Auf dieser Basis haben die Pythagoreer eine Kosmologie aufgebaut, die uns fantastisch erscheint. Die acht Töne, aus denen die Oktave besteht, entsprechen danach den acht Himmelssphären, die die fünf Planeten, Sonne, Mond und Fixsterne tragen. Ihre Abstände und Umlaufgeschwindigkeiten sind nach den Verhältnissen der *musica humana* geregelt, und – so glaubte man – es sei nur folgerichtig, dass auch die Planeten eine Sphärenmusik, die *musica mundana*, hervorbringen. Dass diese Theorien sich mit der kritischen Vernunft nicht vollständig in Einklang bringen ließen, wurde durch die Unvollkommenheit alles Irdischen erklärt. Pythagoras, der Schamane, konnte die Sphärenharmonie vernehmen, selbst seine engsten Schüler waren dazu nicht imstande.

Auf diesem Fundament wurde eine Musiktheorie aufgebaut, die, wie wir noch sehen werden (vgl. 5.2), der Musik ihren Platz als mathematisches Fach verschafft hat und noch heute in den meisten Büchern über Harmonielehre zu finden ist. Das große Verdienst der Pythagoreer besteht in ihrem Bemühen, in Zahlen und Zahlenverhältnissen ausdrückbare Naturgesetze zu finden und zu erforschen.

Das Ende der pythagoreischen Gemeinschaft wurde durch ihre politischen Vorstellungen und Aktivitäten herbeigeführt: Gegner der Pythagoreer sollen das Haus angezündet haben, in dem sie versammelt waren. So sollen Pythagoras und mit ihm die meisten Pythagoreer den Tod gefunden haben.

Früh schon prägten sich unter den Pythagoreern zwei Gruppen aus: die Akusmatiker, die „dogmatischen" Vertreter der strengen Lehre des Pythagoras, und die Mathematiker. Die letzteren entwickelten die Mathematik weiter im Sinne des Pythagoras. Sie gaben ihr die, bis ins abendländische Mittelalter gültige Einteilung in den Kanon des Quadriviums: Arithmetik, Musik (Harmonielehre), Geometrie und Astronomie. Diese vier Teile waren untrennbar miteinander und mit der ganzen religiösen Lehre der Pythagoreer verwoben.

Der Politiker und Philosoph Boethius, der um 500 n. Chr. am Hofe des Kaisers Theoderich in Ravenna wirkte, schreibt in seiner „Einführung in die Arithmetik":

„Wenn jemand diese Gegenstände verachtet und damit diese Wege zur Weisheit, dann versichere ich ihm, dass er nicht zur wahren Philosophie gelangt, da nun einmal die Philosophie Liebe zur Weisheit ist, welche jener bereits missachtet hat, da er diese Gegenstände verschmähte."

Das Quadrivium ist – zusammen mit den sprachlichen Fächern Grammatik, Rhetorik, Dialektik des „Triviums" – als Kanon der *septem artes liberales*, der „sieben freien Künste", *die* Bildungsgrundlage des Abendlandes geworden und hat in der „Artistenfakultät" (der späteren „Philosophischen Fakultät") die Universitätslandschaft bis in die Neuzeit hinein geprägt.

4.4 Parmenides und das *tertium non datur*

Nicht viel später als die ionische und die pythagoräische Schule betrat die Philosophie der Eleaten die Bühne der Weltgeschichte. Am Anfang der eleatischen Philosophie steht im 6. Jahrhundert Xenophanes. Nachdem er lange als philosophierender Barde umhergezogen war, ließ er sich im Alter in Elea in Unteritalien nieder. Er räumte unter den alten Mythen auf, die doch zu nichts anderem gut seien, als das Unerklärliche durch Phantastereien in den Bereich des sinnlich Wahrnehmbaren zu ziehen. So einfach das klingt, so schwerwiegend waren die Folgen.

Ebenfalls aus Elea und möglicherweise ein Schüler des Xenophanes, war Parmenides (ca. 515–445), der wichtigste Vertreter einer Philosophie, die wir heute die eleatische nennen. In einem Gedicht hat er in ziemlich dunklen Sprüchen seine Gedanken dargelegt. [Hirschberger, S. 34, Kranz, S. 60] Parmenides wendet sich darin gegen jeden Versuch, sich auf der Suche nach dem wahrhaft Seienden an Erfahrungstatsachen zu orientieren, da diesen keine Gewissheit innewohnte.

„... nein, mit dem Denken bringe zur Entscheidung die streitreiche Prüfung" heißt es an einer Stelle des Gedichtes. Nur durch das abstrahierende Denken kommt man zu wahrer bleibender Erkenntnis. Der argumentierende Verstand allein ist Ausgangspunkt und Methode dieser Philosophie. „Wie könnte Seiendes zugrunde gehen, wie könnte es werden? Denn *ward* es, so *ist* es nicht, und ebensowenig, wenn es erst in Zukunft einmal sein *soll.*"

Zu dieser reinen Erkenntnis – so Parmenides – verhelfen uns keine Mythen, man gelangt dorthin nur durch systematisches vernünftiges Denken, durch Denken nach logischen Gesetzen, und sei es auch gegen die Erfahrung, Erfahrung sowohl in Bezug auf die Sinneswahrnehmung als auch auf die Meinung, die sich auf die Überlieferung bezieht. Parmenides hat den für das abendländische Denken entscheidenden Weg vorgezeichnet, die Wahrheit auf rein diskursive Weise zu erkennen und nach den Regeln der Logik zu begründen.

Die Sinne gaukeln uns Veränderungen des Ortes und der Zeit, der Vielheit und der Mannigfaltigkeit vor. „Real" sind nicht die sinnlich erfassten Einsichten oder auf Anschauung basierenden Erkenntnisse; nur im Überschreiten der uns umgebenden „scheinbaren" Gegebenheiten eröffnet sich uns die Möglichkeit, endgültige Gewissheit zu erlangen. Demgegenüber ist in der „reinen Wirklichkeit" jenseits der empirischen

Welt nichts entstanden, dort sind keine Veränderungen möglich, nichts geht zugrunde.

Nach Parmenides kann das Seiende nicht entstanden sein; denn aus Seiendem kann es nicht entstanden sein, sonst wäre es ja vorher schon dagewesen; und aus Nichtseiendem kann es nicht entstanden sein, weil das Nichtseiende nicht ist, nicht einmal denkbar. Also ist das Seiende ewig. Parmenides folgert weiter, dass das Seiende Eines und unveränderlich ist, weil es sonst am Nichtseienden irgendwie Anteil hätte. Lauter indirekte Schlüsse.

Zu den Elementen der Logik, die später Aristoteles in größter Allgemeinheit und Vollständigkeit entwickelt hat, gehört das Prinzip vom ausgeschlossenen Dritten, des *tertium non datur.* Wie in den vorstehenden Sätzen macht Parmenides von diesem Prinzip dauernd Gebrauch. Auf Grund dessen wird er als Begründer der Logik angesehen und als „Erfinder" des indirekten Beweises (was gewiss nicht seine Absicht war).

Der indirekte Beweis beruht darauf, dass die Annahme, eine zu beweisende Aussage sei falsch, zu einem Widerspruch führt. Dies hat die deduktive Methode möglich gemacht, auf der die gesamte griechische und in ihrem Gefolge die abendländische Mathematik fußt. Bis heute ist dieses Gesetz ein Grundpfeiler mathematischen Schließens. (Übrigens führt Parmenides die genannten Gegensätzlichkeiten auf einen Grundgegensatz zurück: den Zwiespalt von Feuer und Nacht, von Licht und Finsternis.)

Mit Parmenides war ein wichtiger Meilenstein auf dem Weg vom Mythos zum Logos passiert. Das bedeutet aber nicht, dass die Mythen ausgedient hätten. Dieser Weg ist nicht streng linear verlaufen, sondern mit vielen Verzweigungen und Verästelungen. Bei den Pythagoreern lebten beide Bereiche einträchtig nebeneinander, und in der Kosmologie Platons, dieses großen Philosophen, der die Geistesgeschichte des Abendlandes wie kein anderer geprägt hat, herrschte sogar wieder der Mythos vor.

4.5 Logistik – Mathematik für den Alltag

Bevor sich – beginnend mit den Pythagoreern – die Philosophen der Mathematik bemächtigten, gab es nicht die Trennung zwischen Theorie und Praxis, zwischen „reiner" (oder theoretischer) und angewandter

Mathematik. Bevor der abstrakte Begriff der Zahl in den Fokus der „Philosophen-Mathematiker" geriet, gab es weder Notwendigkeit noch Möglichkeit, Zahlen anders zu behandeln denn als Hilfsmittel zum Zählen und Rechnen, soweit der Alltag dies erforderte. Aber auch nach der Ablösung der „reinen Lehre" blieben die Erfordernisse des Alltags, des Handels und Verkehrs selbstverständlich bestehen. So trennte sich die praktische Mathematik von der „wissenschaftlichen" Mathematik. Während letztere sich zu einer Zahlentheorie wandelte, blieb die erstgenannte unter der Bezeichnung Logistik ein Hilfsmittel des praktischen Lebens.

Über die historische Entwicklung der Logistik gibt es so gut wie keine direkten Quellen. Das Rechnen war offenbar auf mündliche Unterweisung begeschränkt. Die Lehrinhalte unterlagen ja auch kaum einer Veränderung, und die Philosophen waren an den elementaren praktischen Gegenständen, obwohl sie diese in der Unterweisung der Kinder selbstverständlich für notwendig erachteten, nicht interessiert – ebenso wenig, wie die „reinen" Geometer sich mit der Geodäsie befassten, die vormals, wie der Name sagt, selbstverständlich zur Geometrie gehörte. (Dass mit Archimedes hier ein Gesinnungswandel eintritt, darauf kommen wir später.)

Mit der Trennung von Arithmetik in Logistik und Zahlentheorie (nur diese hieß fortan noch Arithmetik) erfolgte auch die Abwendung der Geometer von der rechnenden Geometrie. Insbesondere verschwand das Messen vollständig aus der Geometrie. Es gab keine Möglichkeit, Strecken zu messen, folgerichtig ist in den „Elementen" Euklids von rechnender Geometrie auch nichts zu finden. Vor allem aber hat die Entdeckung der Inkommensurabilität diesen Weg versperrt: Hätte man eine Strecke gegebener Länge und konstruierte das Quadrat darüber, welche Länge hätte die Diagonale?

Ein weiterer wesentlicher Grund für die Trennung war die Einschränkung des Zahlbegriffs durch die Philosophen-Mathematiker auf die natürlichen Zahlen. Eine Zahl ist demnach eine Vielheit von Einheiten. Die Einheit selbst ist keine Zahl, sie ist „nur" erzeugendes Element der Zahlen. Die Einheit kann nicht geteilt werden. Zwar können konkrete Einheiten wie Brote oder andere Gegenstände geteilt werden, nicht aber die Einheit der Philosophen.

„Denn du weißt ja", lässt Platon den Sokrates im „Staat" sagen, „wie es die geschulten Mathematiker machen: wenn einer versucht, die reine

Eins in Gedanken zu zerteilen, so lachen sie ihn aus und weisen ihn ab." [Platon, Der Staat, VII,525, S. 286]

Dies war auch der Grund, weshalb die Bruchrechnung in die Logistik verbannt wurde und in der wissenschaftlichen Mathematik keinen Platz fand. (Erst seit Archimedes erhielt sie hier ein Heimrecht.)

Dieser Zahlbegriff verhinderte auch die Entwicklung der Algebra und führte zur vollständigen Abkehr von den algebraischen Methoden der Babylonier.

Die griechischen Zahlsysteme und ihre Ziffern waren im Vergleich zu Babylon ein Rückschritt. In der ältesten Zeit hatte man eine Schreibweise, welche ungefähr den bekannten römischen Ziffern entspricht:

I	Γ	Δ	ᚴH	Γ¹	X	Γ	M	Γ
1	5	10	50	100	500	1.000	5.000	10.000

5 . 10.000

Abb. 32: Attisch-herodianisches Zahlsystem.

Die Zeichen für 5, 10, 100, 1000 und 10 000 entsprechen den Anfangsbuchstaben Π, Δ, H, X, M der zugehörigen griechischen Zahlwörter. Dieses „attisch-herodianische" System war bis in das erste Jahrhundert v. Chr. verbreitet und fand sich unter anderem als Kolumnenbezeichnung auf Rechenbrettern. Es wurde abgelöst durch eine kürzere alphabetische Schreibweise, das sogenannte milesische System:1

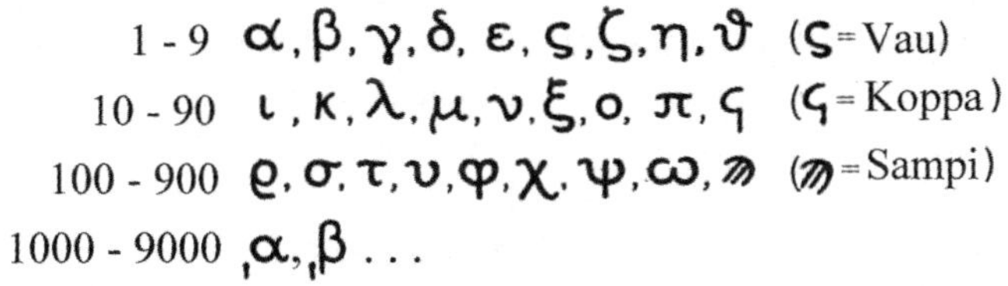

$$1 - 9 \quad \alpha, \beta, \gamma, \delta, \epsilon, \varsigma, \zeta, \eta, \vartheta \quad (\varsigma = \text{Vau})$$
$$10 - 90 \quad \iota, \kappa, \lambda, \mu, \nu, \xi, o, \pi, \varsigma \quad (\varsigma = \text{Koppa})$$
$$100 - 900 \quad \varrho, \sigma, \tau, \upsilon, \varphi, \chi, \psi, \omega, \text{ⲁ} \quad (\text{ⲁ} = \text{Sampi})$$
$$1000 - 9000 \quad {}_{,}\alpha, {}_{,}\beta \ldots$$

Abb. 33: Milesisches Zahlsystem.

Aus diesen Zeichen wurden die übrigen Zahlen – ganz wie in Ägypten – additiv zusammengesetzt. Um die Zahlen von Wörtern zu unterscheiden, fügte man rechts oben einen Akzent an oder machte einen Querstrich über den gesamten Ausdruck, zum Beispiel $\rho\beta'$ oder $\overline{\rho\beta}$ für 102. Dieses Ziffernsystem hatte gegenüber dem herodianischen den Vorteil großer Kürze.

Eine Null brauchte man bei keinem dieser Zahlsysteme, dafür aber eine große Zahl an Individualzahlzeichen, mehr noch als die Ägypter, deren Zahlsystem dem griechischen durchaus überlegen war. Die Zahl 10000 hieß Myriade und wurde mit M bezeichnet. Zahlen der Form $a \cdot 10000$ wurden bezeichnet durch Übersetzen des Faktors a über das Zeichen M. Für höhere Potenzen von M hatten Archimedes und Apollonius wieder andere Schreibweisen.

Die Griechen waren nicht die einzigen, die ein solch unvollkommenes Zahl- und Ziffernsystem hatten. Vor ihnen waren es die Phönizier, von denen die Griechen auch die Schrift zum Vorbild gewählt hatten (der sie freilich – vor allem durch Erfindung der Vokalzeichen – eine ganz eigene Ausprägung verliehen).

Wenden wir uns der eigentlichen Rechenkunst zu, so finden wir uns in der misslichen Lage, dass es in griechischen Quellen über Algorithmen für die Grundrechenarten keine systematischen Anleitungen gibt. Immerhin können wir aus Beispielrechnungen, die allerdings meistens nur unvollständig ausgeführt sind, Rückschlüsse ziehen. [Vogel 1936]

Die Schwerfälligkeit des Zahlsystems wird schon bei Addition und Subtraktion deutlich, wenn es ans Bündeln und – schlimmer noch – ans Entbündeln geht.

Multiplikationen konnte man gemäß der Regel

$$a \cdot 10^m \cdot b \cdot 10^n = a \cdot b \cdot 10^{m+n}$$

ausführen, zum Beispiel $700 \cdot 50 = 7 \cdot 5 \cdot 10^{2+1} = 35000$. Zusammengesetzte Zahlen wie etwa 765 wurden zerlegt in $700 + 60 + 5$ und alsdann die Summanden einzeln multipliziert und die Teilergebnisse addiert. Das entspricht ziemlich genau dem, wie wir es heute machen. Daneben findet man auch die ägyptische Methode durch fortgesetztes Verdoppeln.

In der Division sind die Griechen nicht über die Ägypter hinausgekommen. Division ist unproblematisch, solange kein Rest bleibt. In diesem Fall kann man die Division als eine Art Abzählen auffassen. Wenn 8 Brote an 4 Personen verteilt werden sollen, so ergeben sich (durch Abzählen) für jede Person 2 Brote. Hat man nicht 8 sondern 10 Brote und 4 Personen zu verteilen, so bleiben zunächst 2 Brote übrig. Beide Brote werden in 4 gleiche Teile geteilt, ein Viertel Brot ist dann eine neue Untereinheit. Von dieser neuen Einheit sind 8 vorhanden, die nun ohne Rest an die 4 Personen verteilt werden können. Entsprechend geht man beim Messen und Geldwechseln vor. Man erkennt hieran, dass die Bruchrechnung ihren Ursprung in der Bildung von Untereinheiten hat. Diese sind aber nicht festgelegt, sondern variieren je nach Situation. Damit ist man wieder bei der ägyptischen Rechenpraxis mit Stammbrüchen.

Schon relativ früh, mindestens seit Archimedes (3. Jahrhundert v. Chr.), haben sich nicht nur die Kaufleute, sondern auch die Mathematiker von dem Diktat der Philosophen losgesagt und die angeblich unteilbare Einheit in neue Untereinheiten zerlegt. Über die Ägypter gingen die Griechen dann doch etwas hinaus, insofern sie allgemeine Brüche als Vielfache von Stammbrüchen bildeten, etwa m/n als m mal $1/n$ oder als $1/n + 1/n + ... + 1/n$ (m mal). Auch an unsere Schreibweise kam man seit Archimedes nahe heran, wenn – allerdings ohne Bruchstrich – anfangs der Nenner über den Zähler, später der Zähler über den Nenner geschrieben wurde.

Da das alles sehr umständlich und Papier eine Rarität war, wird man lieber den Abakus, das Rechenbrett benutzt haben, auf das man Steinchen legte, statt Zahlen zu schreiben. Dass es diese Praxis gegeben hat, wird durch das „Rechenbrett von Salamis" bestätigt, das Mitte des 19. Jahrhunderts auf der gleichnamigen Insel bei Ausgrabungen gefunden wurde. Über das Alter ist nichts Genaues bekannt, gelegentlich wird es auf die Zeit um 300 v. Chr. datiert. Die Spalten sind mit den Ziffern des oben genannten attischen Zahlsystems bezeichnet, aber es gibt keine Hinweise darauf, wie auf der Tafel gerechnet wurde; es wird sich aber kaum wesentlich von der aus späterer Zeit überlieferten Praxis unterschieden haben (zum Beispiel der in den Rechenbüchern des Adam Ries).

Am Rande sei bemerkt, dass die Verwendung von Buchstaben als Ziffern dazu beigetragen haben mag, dass eine Buchstabenrechnung, das heißt eine Rechnung mit allgemeinen Größen anstelle von konkreten Zahlen, nicht in Betracht kam (das änderte sich erst mit Viète und Descartes im 15./16. Jahrhundert). Jedenfalls war es für die Entwicklung einer effektiven Algebra nicht förderlich, vielleicht – im Zusammenwirken mit anderen Faktoren – sogar ausgesprochen hinderlich. Auch auf die sogenannte „Wortrechnung", die vor allem in der Renaissance sonderbare Früchte trieb, hat dies eingewirkt, indem Wörtern und Namen Zahlen zugewiesen wurden, deren mystische Bedeutung auf die Wörter oder sogar auf bestimmte Personen übertragen wurde, womit Tür und Tor für Verleumdungen aller Art geöffnet wurden.

5. Auf dem Weg zu einer beweisenden Wissenschaft – Die Frühzeit

5.1 Thales und die Geometrie

Im vorigen Abschnitt haben wir Thales von Milet als den Ersten der Ionischen Schule, den Ersten der Sieben Weisen, den Vater der Philosophen, Astronomen und Mathematiker kennengelernt. Wir fragen jetzt, welches denn seine mathematischen Kenntnisse und Leistungen waren. Wie von den meisten Vorsokratikern, so sind auch von Thales keine direkten Quellen erhalten. Der wichtigste Zeuge ist für uns Proklos (410/11–485 n. Chr.), einer der letzten Vorsteher der Akademie in Athen. Proklos schrieb um die Mitte des 5. Jahrhunderts n. Chr. – also ungefähr tausend Jahre nach Thales – einen Kommentar zum ersten Buch der „Elemente" Euklids. Hierin stellt er Vieles über die Entwicklung der Mathematik von Thales bis zu Euklid dar. Wenn diese Darstellung auch nicht frei von Ungereimtheiten und neuplatonisch gefärbter Einseitigkeit ist, so stellt sie doch eine für die Mathematikgeschichte außerordentlich wichtige Quelle dar. Wir lesen da:

„Thales aber verpflanzte zuerst, nachdem er nach Ägypten gekommen, diese Wissenschaft nach Griechenland und machte selbst viele Entdeckungen; für viele andere legte er für die Späteren den Grund. Sein Verfahren war dabei mehr allgemeiner Art, teilweise mehr auf die Sinnendinge ausgerichtet." [Proklos, S. 211]

Proklos sagt auch, um welche Entdeckungen es sich handelt. Thales habe nämlich die folgenden Sätze „nachgewiesen", „erkannt", „ausgesprochen" oder „entdeckt":

1. „Dass nun der Kreis durch den Durchmesser halbiert wird, soll zuerst der berühmte Thales nachgewiesen haben." [Ebd., S. 275]

2. „Heil dem alten Thales, dem Entdecker vieler anderer und besonders dieses Theorems. Denn man sagt, er habe als erster erkannt und aus-

gesprochen, dass in jedem gleichschenkligen Dreieck die Basiswinkel gleich sind, habe aber in altertümlicher Weise für „gleich" die Bezeichnung „ähnlich" gebraucht." [Ebd., S. 341]

3. „Wenn zwei Geraden sich schneiden, bilden sie gleiche Scheitelwinkel. Dieses Theorem ... wurde, wie Eudemos berichtet, von Thales zuerst entdeckt, des wissenschaftlichen Beweises aber vom Verfasser der „Elemente" [Euklids] für wert erachtet." [Ebd., S. 374]

4. „Zwei Dreiecke, bei denen eine Seite und die anliegenden Winkel gleich sind, sind kongruent. Eudemos aber führt in seiner ‚Geschichte der Geometrie' diesen Lehrsatz auf Thales zurück. Denn bei der Art und Weise, auf die er die Entfernung der Schiffe auf hoher See bestimmt haben soll, erklärt Eudemos die Heranziehung desselben als unerlässlich." [Ebd., S. 409]

Der genannte Eudemos lebte in der ersten Hälfte des 4. Jahrhunderts, er war ein Schüler des Aristoteles und Verfasser einer Geschichte der Geometrie, die für uns verloren ist, dem Proklos aber vorgelegen hat.

Wie Thales beispielsweise die erste Aussage „nachgewiesen" haben soll, und zwar „mehr allgemeiner Art, teilweise mehr auf die Sinnendinge ausgerichtet", gibt Proklos selbst an [Ebd., S. 275]. Wir zitieren die Stelle, da sie ein Schlaglicht auf die Argumentationsweise in dieser frühen Phase der Mathematik wirft:

„... der Grund für die Halbierung liegt aber darin, dass die Gerade ohne jede Ablenkung durch den Mittelpunkt geht. Denn da sie durch die Mitte geht und in allen ihren Teilen immer die gleiche Bewegungsrichtung einhält, ohne nach der einen oder anderen Seite auszubiegen, so schneidet sie an der Kreisperipherie beiderseits die gleiche Strecke [Bogen] ab. Will man dies auch auf mathematischem Wege beweisen, so denke dir den Durchmesser gezogen und die eine Kreishälfte auf die andere gelegt. Ist sie nicht gleich, so wird sie entweder innerhalb oder außerhalb zu liegen kommen. In beiden Fällen wird sich die Folgerung ergeben, dass die kürzere Gerade gleich ist der längeren; denn alle Linien vom Mittelpunkt an die Peripherie sind einander gleich. Das ist aber unmöglich. Sie werden also so aufeinander passen, dass sie gleich sind. Also halbiert der Durchmesser den Kreis."

Man kann nach dieser Argumentation wohl annehmen, dass mathematische Aussagen zur Zeit des Thales durch Symmetriebetrachtungen „begründet" wurden. „Beweise" kann man auf dieser frühen Entwicklungsstufe der griechischen Mathematik selbstverständlich nicht erwarten, da hierzu ein Kanon von unbewiesenen, sozusagen selbstevidenten Aussagen vorausgesetzt werden muss. „Beweisen" bedeutet in der Mathematik ja nichts anderes, als dass aus einer gegebenen (vorausgesetzten) Aussage eine andere hergeleitet wird (direkt oder indirekt).

Erste Gesetzmäßigkeiten sind möglicherweise an geometrischen Motiven gemacht worden, die den Menschen im Alltag an keramischen Erzeugnissen, an Web- und Flechtwaren oder an Schmuckstücken begegnet sein können.

Muster wie in Abb. 34 links, in dem jedes Dreieck mit jedem anderen Dreieck in allen Stücken übereinstimmt, macht die Richtigkeit der oben zitierten Aussage 2 plausibel, und bei aufmerksamer Betrachtung kann man erkennen, dass die Innenwinkel eines Dreiecks zusammengelegt einem „gestreckten" Winkel gleich sind. An solchen Figuren wird auch verständlich, dass man Winkel der Größe nach vergleicht und addiert (besser: „zusammenlegt"), auch wenn sie nicht als messbare Größen aufgefasst werden.

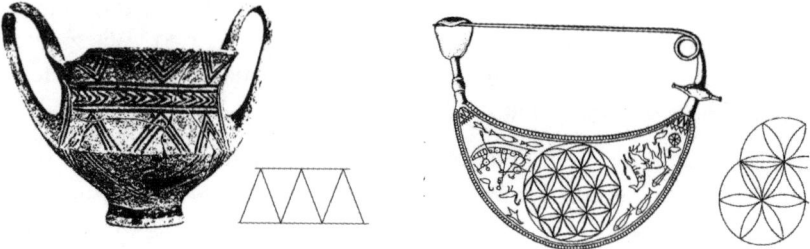

Abb. 34: Geometrische Muster.

Für Kongruenzbetrachtungen als Grundlage für Beweise spricht auch, dass Thales nicht von „gleichen", sondern von „ähnlichen" Winkeln spricht. Das Muster auf der Brosche in Abb. 34 rechts könnte als plausible Begründung für die Gleichheit der Winkel im gleichseitigen Dreieck gedient haben.

Das in Aussage 4 von Proklos genannte Zeugnis des Eudemos, Thales habe die Entfernung eines Schiffes auf hoher See bestimmt, ist durchaus glaubwürdig. Thales könnte mit den ihm zugeschriebenen Kenntnissen etwa so argumentiert haben: In Abb. 35 links sei das Schiff in *B*. Man wähle Punkte *A, C, D* an Land, so dass die Strecke *AC* senkrecht zu *AB* ist und *D* der Mittelpunkt von *AC*. Nun errichte man in *C*

ein Lot auf *AC* und bringe dieses mit der Verlängerung von *BD* zum
Schnitt. Aus den Aussagen 3 und 4 folgt die Kongruenz der Dreiecke
ABD und *DCE* und hieraus die Gleichheit der gesuchten Strecke *AB* mit
der messbaren Strecke *CE*.

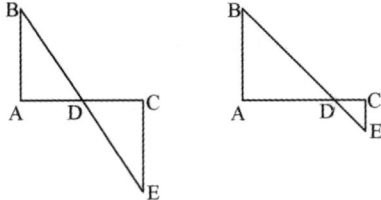

Abb. 35: Messung der Entfernung eines Schiffes *B* von *A* nach Thales.

Problematisch sind bei diesem Verfahren die langen Strecken am Lande.
Mithilfe der Ähnlichkeit – Thales könnte in Ägypten oder im Orient
durchaus davon gehört haben – könnte ein praktikableres Verfahren, wie
in der Abb. 35 rechts skizziert, verwendet werden: Aus $AB:AD =
CE:CD$ ergibt sich die Distanz *AB*.

Von dem Griechen Diogenes Laertius (um 200 n. Chr.), der ein Buch
mit dem Titel „Leben und Meinungen berühmter Philosophen" geschrieben hat, das von Thales bis Epikur (um 300 v. Chr.) reicht und eine
wichtige, wenn auch nicht sehr zuverlässige Quelle für viele der heute
noch im Umlauf befindlichen Anekdoten ist, stammt die Geschichte,
Thales habe die Höhe der Pyramiden bestimmt, indem er die Länge
ihres Schattens in dem Augenblick gemessen habe, in dem ein vertikal
aufgestellter Stab (ein *Gnomon*) und sein Schatten gleich lang waren.
Dieses Verfahren ist kaum praktikabel, und auch hier würden Kenntnisse
über ähnliche Dreiecke die Messung vereinfachen.

Pamphile, Schriftstellerin zur Zeit Neros (Mitte des ersten Jahrhunderts n. Chr.) berichtet, Thales habe „als erster einen Kreis um ein
rechtwinkliges Dreieck beschrieben", womit der heute sogenannte „Satz
von Thales" gemeint sein dürfte, und er habe hierfür einen Stier geopfert.
In Wirklichkeit war dieser Satz, wie wir in 3.2 gesehen haben, tausend
Jahre früher den Babyloniern bekannt.

Wenn es zutrifft, dass Thales die Aussagen tatsächlich in der von
Proklos angegebenen oder auch nur in ähnlicher Weise formuliert hat, so
ist dies immerhin ein eindrucksvolles Zeugnis für den radikalen Wechsel
in der Auffassung von Mathematik. Nicht mehr Zahlenbeispiele, son-

dern allgemeine Begriffe und Aussagen wurden formuliert. Man möchte sagen, dass hier bereits der Weg zu einer deduktiven, einer beweisenden Wissenschaft – wenn auch zunächst noch nicht bewusst – geebnet wurde.

5.2 Alles ist Zahl – Die pythagoreischen *mathémata* oder das Quadrivium

Wir haben am Schluss von Abschnitt 4.3 darauf hingewiesen, dass die Mathematiker unter den Pythagoreern ihre Wissenschaft in vier Teile untergliedert haben. Proklos beschreibt diesen „Vierweg", das später sogenannte *Quadrivium,* wie folgt:

„Der einen Hälfte weisen sie das ‚Wieviel' zu, der anderen Hälfte das ‚Wie groß', und jede dieser Hälften teilen sie wiederum in zwei. Das Wieviel kann nämlich entweder für sich betrachtet werden oder [im Verhältnis] zu einer anderen [Zahl], und die Größe kann in Ruhe oder in Bewegung sein. – Die arithmetische [Wissenschaft] betrachtet die Zahl für sich, die Musikwissenschaft ihr Verhältnis zu einer anderen Zahl, die Geometrie die Größe in Ruhe, die Sphärik [Astronomie] die Größe in Bewegung." [Proklos; S. 188]

Wir geben in diesem Abschnitt Hinweise auf die Inhalte dieser Gebiete, soweit sie mit einiger Gewissheit den frühen Pythagoreern zugeordnet werden können.

1. Zur Arithmetik

Das älteste Stück pythagoreischer Arithmetik ist wohl die „Lehre vom Geraden und Ungeraden", die uns in Buch IX, §§ 21–34 der „Elemente" Euklids überliefert ist (vgl. 7.1).

Ein Beispiel eines solchen altpythagoräischen Satzes besagt: Setzt man beliebig viele gerade Zahlen zusammen, so entsteht eine gerade Zahl. „Beweis": Beliebig viele gerade Zahlen seien zusammengesetzt. Jede der Zahlen hat, da sie gerade ist, einen Teil, der die Hälfte ist. Folglich hat auch die Summe einen Teil, der die Hälfte ist.

Dieses Argument entspricht vollkommen den Beobachtungen – hier auf arithmetische Gesetzmäßigkeiten übertragen –, die wir über die Art und Weise gemacht haben, wie Thales seine Sätze begründet haben könnte. Aussagen dieser Art kann man „experimentell", etwa durch das

Hinlegen von Steinchen, einsehen. Die Steinchen-Arithmetik oder die Lehre von den „figurierten Zahlen" ist eine seltsame Methode, arithme tische Gesetze dadurch zu beweisen, dass man Steinchen (griech. ψηφοι, deshalb auch Psephoi-Methode genannt) zu „Figuren" legt, um auf diese Weise allgemeine Gesetzmäßigkeiten der natürlichen Zahlen zu erkennen. Zum Beispiel die Dreieckszahlen:

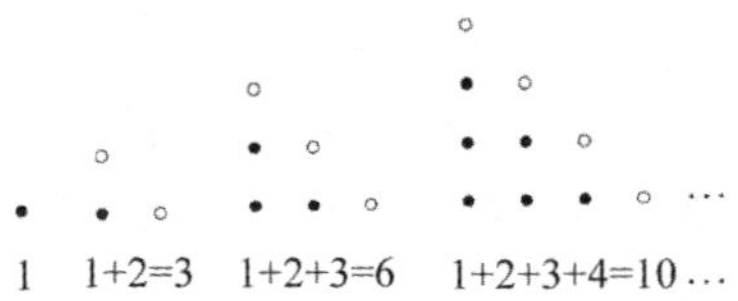

Abb. 36: Dreieckszahlen.

Aufgrund der sukzessiven Konstruktion – im n-ten Schritt werden n Steinchen hinzugefügt (in der Abbildung die weißen Steinchen) – enthält die n-te Dreieckszahl $1 + 2 + 3 + \ldots + n$ Steinchen. Andererseits kann man direkt erkennen, dass die n-te Dreieckszahl aus $\frac{1}{2}n(n+1)$ Steinchen besteht (zum Beispiel indem man das n-te Dreieck mittels eines zweiten (gedachten) Exemplars zu einem Rechteck ergänzt, dessen Seiten aus n und $n + 1$ Steinchen bestehen). Auf diese Weise „erkennt" man ein uns geläufiges Gesetz der natürlichen Zahlen, nämlich

$$1 + 2 + 3 + \cdots + n = \frac{1}{2}n(n+1)$$

Selbstverständlich haben die Pythagoreer nicht die hier benutzte Formelschreibweise zur Verfügung gehabt, aber auch ohne diese erkennt man schon nach einigen Schritten das Gesetz.

Analog kann man etwa bei den Quadratzahlen argumentieren und erhält das Gesetz

$$1 + 3 + 5 + 7 + \cdots + (2n - 1) = n^2 .$$

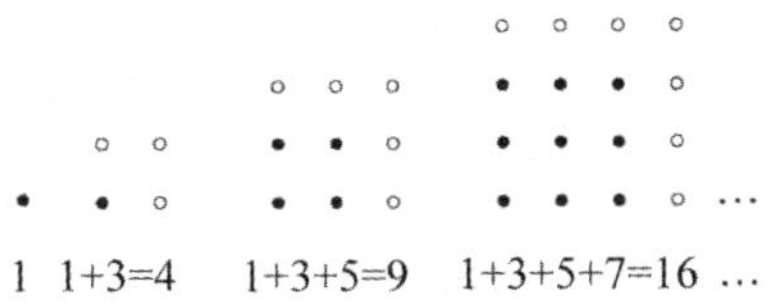

Abb. 37: Quadratzahlen.

In ähnlicher Weise können Fünfeckszahlen untersucht werden, Sechs-eckzahlen usw. Schreibt man die figurierten Zahlen in einer Tabelle auf, so erkennt man einige interessante Bildungsgesetze, die, wenn nicht die Pythagoreer selbst, dann jedenfalls die Neupythagoreer in hellenistischer und späterer Zeit fasziniert haben.

3-eckzahlen	1	3	6	10	15	21	28	36	45	...	$1/2\,n(1n-(-1))$
4-eckzahlen	1	4	9	16	25	36	49	64	81	...	$1/2\,n(2n-0)$
5-eckzahlen	1	5	2	22	35	51	70	92	117	...	$1/2\,n(3n-1)$
6-eckzahlen	1	6	5	28	45	66	91	120	153	...	$1/2\,n(4n-2)$
7-eckzahlen	1	7	18	34	55	81	112	148	189	...	$1/2\,n(5n-3)$

An dieser Darstellung „erkennt" man die Formel für die n-te m-Eckszahl, nämlich

$$\frac{1}{2}n((m-2)n-(m-4)) = \sum_{k=0}^{n-1}(k(m-2)+1)$$

für $n, m \geq 3$. Sie soll Hipsikles (um 180 v. Chr.) bekannt gewesen sein.

Am Rande sei bemerkt, dass mithilfe der figurierten Zahlen auf sehr intuitive Weise pythagoreische Zahlentripel bestimmt werden können (vgl. 3.3).

2. Zur Musik (Harmonielehre)

Wir haben in Abschnitt 4.3 darauf hingewiesen, dass Verbindungen von Musik und Arithmetik (genauer: von Harmonie- und Proportionenlehre) der Überlieferung nach zu den ursprünglichen Einsichten der pythago-räischen Schule gehören und in ihrem Kern aller Wahrscheinlichkeit nach auf Pythagoras selbst zurückgehen. Die Grundlagen dieser Theo-rien beschreibt Philolaos von Kroton, der im 5. Jh. v. Chr. gelebt hat und schon zu den jüngeren Pythagoreern gerechnet wird, wie folgt:

„Die Größe der Harmonie [Oktave] umfasst die Quarte und Quinte. Die Quinte aber ist um einen Ganzton größer als die Quarte. Denn von der Hypate [E] bis zur Mese [A] ist eine Quarte, von der Mese bis zur Nete [e] eine Quinte, von der Nete bis zur Trite [H] ein Quarte, von der Trite zur Hypate eine Quinte. Zwischen Trite und Mese liegt ein Ganzton. Die Quarte aber hat das Verhältnis 3 : 4, die Quinte 2 : 3, die Oktave 1 : 2. So besteht die Oktave aus fünf Ganztönen und zwei Halbtönen, die Quinte aus drei Ganztönen und einem Halbton, die Quarte aus zwei Ganztönen und einem Halbton." [Capelle: Die Vorsokratiker, S. 479]

Phrygische Tonleiter

Abb. 38: Die symphonen Intervalle nach Philolaos.

Man kann die genannten Verhältnisse am einfachsten am Monochord, einem Klangkörper mit nur einer Saite, verifizieren. Ist die Saite (beispielsweise) auf E gestimmt (wir folgen Philolaos) und wird durch Untersetzen eines Stegs nur eine Hälfte der Saite zum Schwingen gebracht – die verkürzte Saite verhält sich zur ganzen Saite wie 1 : 2 –, so erklingt der Ton e, der eine Oktave über E liegt. Der Oktave wird deshalb das Zahlenverhältnis 1:2 zugeordnet. Setzt man den Steg so, dass der schwingende Teil der Saite sich zur ganzen Saite wie 3 : 4 bzw. 2 : 3 verhält, so erklingt der Ton A bzw. H. Das Intervall E–A (vgl. Abb. 38) bezeichnet man als Quarte, das Intervall E–H als Quinte. Der Quarte wird das Verhältnis 3 : 4 zugeordnet, der Quinte das Verhältnis 2 : 3. Die Quarte E–A besteht aus dem Halbtonschritt E–F und den beiden Ganztonschritten F–G und G–A, die Quinte E–H aus dem Halbtonschritt E–F und den drei Ganztonschritten F–G, G–A und A–H.

Da Quinte und Quarte zusammen aus fünf Ganzton- und zwei Halbtonschritten bestehen, bilden sie insgesamt eine Oktave. Andererseits ist das Produkt von 2 : 3 und 3 : 4 gleich 1 : 2. Man sieht:

Der „Addition" von Intervallen entspricht das Produkt der Zahlenverhältnisse.

Diese fundamentale Beziehung haben die Pythagoreer nach verschiedenen Richtungen hin weiterentwickelt. Der nächste Schritt ist:

Der „Differenz" von Intervallen entspricht die Division der Zahlenverhältnisse.

Wendet man dies auf Quinte und Quarte an, so erhält man für einen Ganztonschritt (als Intervall) das Verhältnis (2 : 3) : (3 : 4) = 8 : 9.

Da nun eine Quarte aus zwei Ganztonschritten und einem Halbtonschritt besteht, ergibt sich für den Halbtonschritt das Verhältnis 243 : 256.

Zwei Halbtöne ergeben zusammen einen Ganzton, folglich müsste das Produkt von 8 : 9 mit sich gleich 243 : 256 sein, was aber nicht zutrifft. Die Differenz zwischen einem Ganzton und zwei Halbtönen ist – auf der

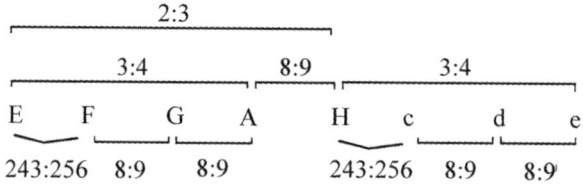

Abb. 39: Intervalle und ihre Zahlenverhältnisse.

arithmetischen Seite – gleich $(8:9):(243:256)^2 = 524288:531441$. Dieses Verhältnis heißt „Pythagoräisches Komma", hören kann man das zugehörige Intervall selbstverständlich nicht.

Die grundlegenden symphonen Intervalle Oktave, Quarte und Quinte sind nach dem Vorangehenden durch die Zahlen 1, 2, 3 und 4 bestimmt. Sie bilden die *Tetraktys*, das „vollkommene Dreieck", die „Quelle und Wurzel der ewigen Natur", wie die Pythagoreer meinten.

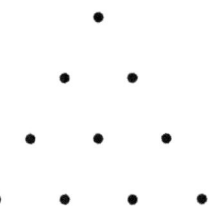

Abb. 40: Die pythagoreische Tetraktys.

Bringt man am Monochord unter der Seite eine Skala mit zwölf Teilpunkten an (wie in der folgenden Abbildung), so liegen die Teilpunkte für Oktave, Quinte und Quarte bei 6, 8 bzw. 9.

Hieran wird eine weitere geheimnisvolle Symmetrie deutlich: 8 ist das harmonische Mittel von 6 und 12, 9 das arithmetische Mittel von 6 und 12.

Zur Erinnerung: $\frac{a+b}{2}$ ist das arithmetische, $\frac{2ab}{a+b}$ das harmonische und $\sqrt{ab}$ das geometrische Mittel von a und b.

Die ersten beiden Mittel bilden die „vollkommene Proportion" $6:8 = 9:12$, allgemein:

$$a:\frac{2ab}{a+b} = \frac{a+b}{2}:b\,.$$

Abb. 41: *Pythagoras musicus*. Holzschnitte, Mailand um 1400.

Noch viele weitere Berechnungen im Zusammenhang mit Tonleitern wurden von den Pythagoreern angestellt. Diese Untersuchungen trugen wesentlich dazu bei, dass man sich intensiv mit Zahlen und Zahlenverhältnissen befasste.

Pythagoras soll noch verschiedene Experimente mit Hämmern, mit durch Gewichte gespannten Saiten, mit Flöten, mit Wasser gefüllten Gefäßen und ähnlichem vorgenommen haben.

Wir haben schon mehrfach darauf hingewiesen, dass man sich die Pythagoreer nicht als experimentelle Naturforscher vorstellen darf. Wie van der Waerden (1966) betont, sind sie nicht, wie die Überlieferung will, von exakten Messungen ausgegangen, sondern haben auf Grund von alltäglichen Erfahrungen an Blas- und Saiteninstrumenten die Zahlenverhältnisse für Oktave, Quinte und Quarte gefunden. Schon Pythagoras selbst hat diese Zahlenverhältnisse gelehrt und Tonleitern aus ihnen berechnet. Die späteren Pythagoreer, die in erster Linie Mathematiker waren, haben die Lehre theoretisch-spekulativ auf Grund der Zahlentheorie begründet. Erst nach 300 v. Chr. haben die „Kanoniker" durch Messungen am Monochord die Grundlagen der pythagoräischen Musiktheorie bestätigt.

3. Zur Geometrie

Ein alter pythagoräischer Satz sagt aus, dass die Summe der Innenwinkel eines beliebigen Dreiecks gleich einem „gestreckten" Winkel ist. Der folgende Beweis ist eine einfache direkte Anwendung der in 5.1 genannten Sätze des Thales: Man zeichnet zunächst die Parallele *DE* zu *AC* durch *B*. Der Winkel *BAC* ist gleich seinem Scheitelwinkel *DBA*, der

Winkel *BCA* gleich seinem Scheitelwinkel *CBE*. Die Summe der Innenwinkel des Dreiecks ist demnach gleich der Summe der Winkel *DBA*,
ABC und *CBE* die ihrerseits auf Grund ihrer Lage zusammen einen gestreckten Winkel bilden.

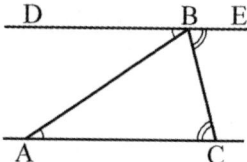

Abb. 42: Winkelsumme im Dreieck.

Der pythagoräische Lehrsatz war, wie wir früher gesehen haben, bereits
über tausend Jahre vor Pythagoras den Babyloniern bekannt, wenn auch
nur innerhalb von Rechenaufgaben. Pythagoras kann ihn daher auf seinen Orientreisen kennengelernt haben, der Beweis kann aber nur nach
und nach und durch Fallunterscheidungen geführt worden sein, zum
Beispiel am Fall des gleichschenklig-rechtwinkligen Dreiecks:

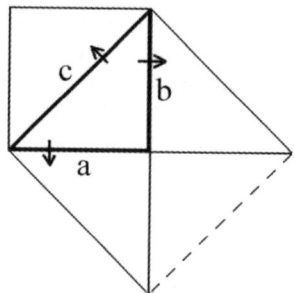

Abb. 43: Pythagoreischer Lehrsatz für ein gleichschenklig-rechtwinkliges Dreieck.

Das gegebene gleichschenklig-rechtwinklige Dreieck mit den Katheten
a = *b* und der Hypotenuse *c* wird um *a* und um *b* geklappt. Man erhält
so – nach Zeichnen der vierten Seite – das Hypotenusenquadrat mit der
Seitenlänge *c*, dessen Fläche nach Konstruktion das Vierfache der Dreiecksfläche ist. Klappt man das gegebene Dreieck um *c*, so ergibt sich ein
Quadrat mit der Seitenlänge *a* = *b*, dessen Fläche das Zweifache der
Dreiecksfläche ist. Insgesamt, wenn *D* die Dreiecksfläche bezeichnet:
$c^2 = 4D = 2a^2$.

Dass man aus dem pythagoreischen Lehrsatz ohne Mühe Katheten-
satz und Höhensatz herleiten kann und mithilfe des letzteren ein einfaches Verfahren zur Quadratur von Rechtecken, Dreiecken und anderen
geradlinig begrenzten Figuren erhält, sei hier nur am Rande erwähnt. Ob
das den frühen Pythagoreern aufgefallen ist, darüber wissen wir nichts.

Weil die Arithmetik der Griechen eine Lehre der *ganzen* Zahlen war,
konnte sich bei ihnen eine „höhere" Algebra nicht entwickeln. Insbesondere war die Auflösung quadratischer Gleichungen arithmetisch nicht zu
machen. Selbst der einfachste Fall $x^2 = 2$ ist ja zahlenmäßig nicht lös-
bar, jedenfalls nicht mit dem pythagoreischen Zahlbegriff. Der Ausweg
war das, was man am besten konnte: die Geometrie. So entstand ein
Zweig der Geometrie, den man heute als „geometrische Algebra" bezeichnet. Bereits die frühen Pythagoreer haben eine teilweise Übertragung der arithmetischen Gesetze in die Geometrie geschaffen.

Die Übertragung von Addition und Subtraktion von Strecken ge-
schieht selbstverständlich durch Abtragen bzw. Wegnehmen. Ebenfalls
naheliegend ist, das Produkt von Strecken als Rechteck zu realisieren.
Danach kann man bereits eine Reihe von aus der Arithmetik bekannten
Rechengesetzen beweisen, soweit keine Division im Spiele ist. Zum
Beispiel das Assoziativgesetz $a(b + c) = ab + ac$ wie in Abb. 44.

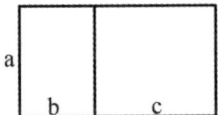

Abb. 44: Geometrischer Beweis des Assoziativgesetzes.

Die Division ergibt sich als Spezialfall der folgenden allgemeineren
Konstruktion, dem einfachsten Fall einer „Flächenanlegung":

*An eine Strecke a ist ein Rechteck von gegebenem Flächeninhalt F „an-
zulegen".*

Gesucht ist also eine Strecke x derart, dass $ax = F$. Denken wir uns F
als Fläche eines Rechtecks mit den Seiten b und c gegeben, so lautet die
Gleichung $ax = bc$, und die Größe x ist als Strecke aus den gegebenen
Strecken a, b und c zu konstruieren. Das geht folgendermaßen (vgl.
Abb. 45):

Man zeichne das Rechteck $ABCD$ mit den Seiten $AB = CD = b$ und
$AD = BC = c$. Man verlängere AB über B hinaus und trage auf dieser

Geraden von B aus die Strecke a ab; der Endpunkt sei E. Der Schnittpunkt der Geraden EC und AD sei F. Dann ist $x = DF$ die gesuchte Strecke. In den ähnlichen Dreiecken DCF und BEC gilt nämlich $x : b = c : a$,
also auch $ax = bc$.

Schreibt man die Gleichung in der Form $x = \frac{bc}{a}$ und wählt für c eine
Einheitslänge, so kann man x als Quotient von b und c auffassen.

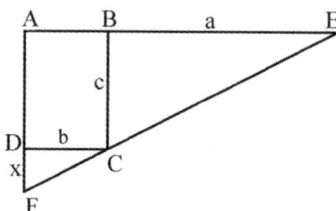

Abb. 45: Geometrische Lösung der Gleichung $ax = bc$.

Nebenbei bemerken wir, dass man durch diese Konstruktion auch ein
Produkt von Strecken definieren kann, indem man für a eine Einheits-
strecke wählt. Das Besondere daran ist, dass das Ergebnis eben eine
Strecke und nicht, wie bei den griechischen Geometern, eine Fläche ist.
Diesen Gedanken hat erst Descartes im 17. Jahrhundert konsequent
weitergeführt.

Wie schon erwähnt, wurde in der vorstehenden Konstruktionsauf-
gabe an eine gegebene Strecke ein Rechteck gegebener Fläche „angelegt". Diese „Flächenanlegung" kann als Lösung der linearen Gleichung
$ax = F$ aufgefasst werden, sozusagen als geometrische Variante einer
Hau-Rechnung (vgl. 2.6). Dies haben die Griechen auf quadratische
Gleichungen ausgedehnt, ohne allerdings von Gleichungen oder ähnlichem, was auf Algebra hindeutet, zu sprechen. (Der Ausdruck „Algebra" stammt ja erst aus dem frühen 9. Jh. n. Chr. und ist arabischen
Ursprungs). Die Bezeichnung „geometrische Algebra" ist von dem dänischen Mathematikhistoriker H. G. Zeuthen eingeführt worden. Das ist
nicht unumstritten, da von anderen bezweifelt wird, dass die griechischen Geometer überhaupt an etwas gedacht haben, was wir auch nur
entfernt mit dem Namen Algebra verbinden. Wir bleiben bei der geometrischen Auflösung von Gleichungen, beschränken uns aber auf den
quadratischen Fall. Die Griechen haben hier nicht eine vollständige Fall-
unterscheidung durchgeführt oder angestrebt, sondern nur solche Fälle,
die ihnen geometrisch interessant erschienen. Es waren dies die Flä-

chenanlegung mit „Defekt" und „Exzess" oder „Mangel" und „Überschuss"; das bedeutet folgendes:

Flächenanlegung mit Defekt: *An eine gegebene Strecke a ist ein Rechteck so anzulegen, dass es einer gegebenen Fläche F gleich ist und ein
Quadrat fehlt.*

Als Gleichung geschrieben bedeutet dies $(a-x)x = F$.

Flächenanlegung mit Exzess: *An eine gegebene Strecke a ist ein Rechteck so anzulegen, dass es einer gegebenen Fläche F gleich ist und ein
Quadrat überschießt.*

Die entsprechende Gleichung lautet $(a+x)x = F$.

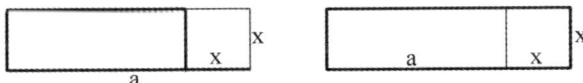

Abb. 46: Flächenanlegung. Links mit Defekt, rechts mit Exzess.

Da der oben behandelte Fall $ax = F$ und die beiden zuletzt genannten Fälle eng mit der Konstruktion der Kegelschnitte Parabel, Ellipse
und Hyperbel zusammenhängen, spricht man von parabolischer, ellipti-
scher bzw. hyperbolischer Flächenanlegung. Wir kommen darauf in 7.2
zurück. Für die Lösung dieser beiden Konstruktionsaufgaben verweisen
wir auf [Becker, S. 62].

Wählt man in der Gleichung $(a+x)x = F$ der hyperbolischen Flächenanlegung speziell $F = a^2$, so kann man diese Gleichung umformen
in die Proportion $a : x = x : (a - x)$. Eine Lösung liefert also zugleich
eine Konstruktion für den goldenen Schnitt.

Die Bezeichnung „goldener Schnitt" oder *sectio aurea* ist wohl erst
durch Kepler eingeführt worden; in der griechischen Terminologie handelt
es sich um eine „stetige Proportion", wobei „stetig" im Sinne von „fort-
schreitend" zu verstehen ist wie in $a : b = b : c = c : d = ...$ Im
15./16. Jahrhundert n. Chr. sprach man – vorwiegend im Hinblick auf
Anwendungen in Kunst und Architektur – von der *divina proportione*,
der „göttlichen Proportion".

Schließlich erinnern wir noch an die in 2.6 besprochene babylonische Normalform $xy = F, x \pm y = a$, die offenbar nichts anderes ist als
die elliptische bzw. hyperbolische Flächenanlegung. Sollten die Pythagoreer das nicht bemerkt haben?

4. Zur Astronomie

Nach Platon und Aristoteles waren die Pythagoreer die ersten, die für Sonne, Mond und die fünf Planeten (mit bloßem Auge sichtbar sind Merkur, Venus, Mars, Jupiter und Saturn) gleichmäßige Bewegungen auf Kreisbahnen annahmen, in deren Zentrum die kugelförmige Erde als unbewegliches Zentrum des Weltalls schwebte. Die Fixsterne waren an einer Sphäre mit der Erde als Mittelpunkt „angeheftet".

Nach verschiedenen Zeugnissen hatte der Pythagoreer Philolaos ein von diesem abweichendes Weltbild (vgl. Abb. 47). Demnach ist nicht die Erde, sondern ein Zentralfeuer der Mittelpunkt des Kosmos, um das die fünf Planeten, Sonne, Mond, Erde und – um (zusammen mit der Fixsternsphäre) die heilige Zahl zehn voll zu machen – die Gegenerde ihre Kreisbahnen zogen.

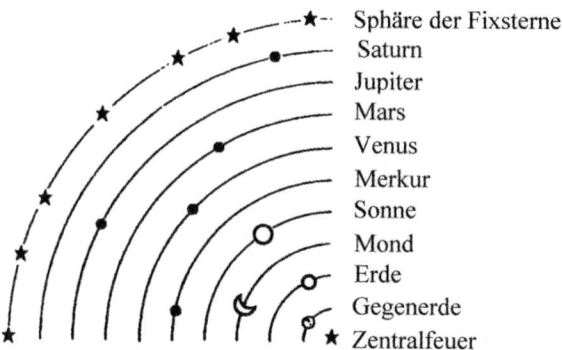

Abb. 47: Das Weltbild des Philolaos (nicht maßstäblich zu verstehen).

Nach altpythagoreischer Überzeugung bestimmen die Gesetze der musikalischen Harmonie die Ordnung im Kosmos. Man hatte die Vorstellung, dass auf jedem Planeten eine Sirene sitzt, das ist eine Jungfrau, die immerzu einen einzigen Ton erklingen lässt. Damit aber die einzelnen Töne einen harmonischen Zusammenklang ergeben, erschien es notwendig, dass die Abstände der Planeten untereinander in bestimmten Verhältnissen zueinander stehen entsprechend den Gesetzen der Harmonielehre. Diese Abstände von der Erde – wenn der Abstand Erde – Mond gleich 1 gesetzt wird – wurden angenommen als

Sonne 2,	Merkur 4,	Mars 8;
Venus 3,	Jupiter 9,	Saturn 27.

(Als Abstand des Mondes von der Erde wurden 126000 Stadien angenommen, das sind etwa 22500 km; in Wirklichkeit sind es im Mittel
etwa 384000 km.)

Obgleich die frühen Pythagoreer die Zahlenlehre mit der Astronomie
in Verbindung brachten, war ihre Astronomie keine messende, also
keine eigentliche Wissenschaft von der Natur. Die Zusammenhänge
zwischen Zahlen bzw. Zahlenverhältnissen und Naturerscheinungen
gründeten nicht auf Messung, sondern auf reiner – religiös-mystischer –
Spekulation.

Daneben fand man aber auch Anfänge messender und rechnender
Astronomie. In der Mitte des 5. Jahrhunderts v. Chr. bestimmte man auf
Grund von Beobachtungen der Schattenlänge eines Gnomons, das ist ein
senkrecht stehender Stab, die Schiefe der Ekliptik, also den Winkel zwischen der Äquatorebene und der Bahnebene der Sonne, recht genau zu
24 Grad. Man kannte ferner die Punkte der Tag-Nacht-Gleiche (Äqui-
noktien) und die Länge der Jahreszeiten.

Beobachtete man den Lauf der Planeten, so stellte man allerdings
fest, dass die Realität mit den oben genannten Annahmen gleichförmiger
Bewegung auf konzentrischen Kreisbahnen nicht zu vereinbaren war.
Andererseits war es für die Pythagoreer unvorstellbar, dass die göttli-
chen und ewigen Himmelskörper anderen als diesen vollkommenen
Gesetzen folgten.

Man brauchte deshalb einen zusätzlichen Mechanismus, den man aus
Platons Dialogen „Staat" und „Timaios" etwa so rekonstruieren kann
(Abb. 48): Jeder Planet bewegt sich mit gleichförmiger Geschwindigkeit
auf einem sogenannten Epizykel, das ist ein (kleinerer) Kreis, dessen
Mittelpunkt sich seinerseits mit gleichförmiger Geschwindigkeit auf
dem (großen) Kreis mit der Erde als Mittelpunkt bewegt.

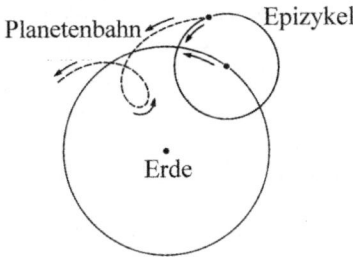

Abb. 48: Kreisbewegung der Planeten auf Epizykeln.

Damit ist das Dogma von den Kreisbahnen und von der gleichförmigen Geschwindigkeit gewahrt, und das beobachtete Phänomen, dass ein Planet sich scheinbar mit wechselnden Geschwindigkeiten bewegt, manchmal gar innehält und zurückläuft, hat – wenigstens für Merkur und Venus – eine befriedigende Erklärung gefunden. (Das Modell der Epizykeln war über zweitausend Jahre bis nach Kopernikus, der trotz seines heliozentrischen Weltbildes nicht auf Epyzykeln verzichten konnte, allgemein akzeptiert; erst durch die Keplerschen Gesetze wurde die Hypothese der Epizykel überflüssig.)

5.3 Ist alles Zahl?
Inkommensurabilität und das Irrationale

Verschiedene Erfahrungen und Spekulationen haben die Pythagoreer zu der Annahme geführt, die natürlichen Zahlen – und nur diese – seien das Fundament, ja das Wesen des gesamten Kosmos, und seine Harmonie manifestiere sich in den Zahlenverhältnissen. So ergab es sich fast mit zwingender Notwendigkeit, dass die Pythagoreer eine Proportionenlehre schufen, durch welche die Verhältnisse von Größen mannigfacher Art durch Verhältnisse von (natürlichen) Zahlen ausgedrückt werden konnten. Sind beispielsweise a und b zwei Strecken, Flächen oder andere vergleichbare Größen, so wird gesetzt

(*) $a : b = m : n$ genau dann, wenn $na = mb$.

Man sagt auch, das Verhältnis $a : b$ sei rational. Man kann die Proportion noch auf andere Art interpretieren, die einen Hinweis darauf geben kann, dass es möglicherweise Größen a, b gibt, die keine solche Proportion erfüllen.

Dazu setzen wir $e = b/n$ (e ist der n-te Teil von b). Dann gilt $b = ne$, und mit (*) folgt $a = me$, das heißt, dass sowohl a als auch b ganzzahlige Vielfache von e sind; mit anderen Worten: Die Größen a und b haben (wenn (*) erfüllt ist), ein „gemeinsames Maß", nämlich e; man sagt auch, sie seien „kommensurabel". Umgekehrt folgt aus $a = me$ und $b = ne$ die Proportion (*). Wir sehen also:

Zwei Größen haben genau dann ein „rationales Verhältnis", wenn sie kommensurabel sind. Andernfalls heißen die Größen inkommensurabel, das Verhältnis ist irrational.

Die Entdeckung, dass nicht jedes Verhältnis rational ist, war für die weitere Entwicklung der griechischen Mathematik ein fundamentales Ereignis; wir werden das weiter verfolgen. Keiner der anderen Hochkulturen konnte diese Entdeckung gelingen, sie setzt genau das voraus, was die griechische Mathematik von derjenigen der anderen Hochkulturen unterscheidet: Allgemeine Aussagen statt Rechenaufgaben, Beweise statt Rechenproben.

Der Zeitpunkt der Entdeckung inkommensurabler Größen ist umstritten, ebenso das konkrete Objekt, an dem sie zuerst gemacht wurde. Vieles spricht für das Fünfeck, dem Erkennungszeichen der Pythagoreer im frühen 5. Jahrhundert. Pythagoras selbst wird davon noch keine Kenntnis gehabt haben.

Eine weitere Frage, die im Anschluss an die Entdeckung der Inkommensurabilität sofort auftreten musste, war die, wie man feststellen kann, ob zwei gegebene Größen kommensurabel sind oder nicht. Das ist auch den Pythagoreern des 5. Jahrhunderts aufgefallen; die Antwort scheint das Verfahren der Wechselwegnahme gewesen zu sein, das ihnen im Zusammenhang mit der Bestimmung des größten gemeinsamen Teilers zweier Zahlen bekannt gewesen ist (wir nennen es den „euklidischen Algorithmus").

Die Wechselwegnahme für zwei Größen a, b – wir nehmen an, es sei $b < a$ – besteht darin, dass man b so oft von a wegnimmt, bis der Rest kürzer als b ist. Im zweiten Schritt wird dieser Rest so oft von b weggenommen, bis der neue Rest kleiner als der erste ist usw.; in Formeln ausgedrückt:

$$a = q_1 \cdot b + r_1 \quad (r_1 < b)$$

$$b = q_2 \cdot r_1 + r_2 \quad (r_2 < r_1)$$

$$r_1 = q_3 \cdot r_2 + r_3 \quad (r_3 < r_2)$$

usf. Man sieht, dass die Reste immer kleiner werden. Sind a, b Zahlen, so muss also die Rechnung nach endlich vielen Schritten mit dem Rest 0 aufhören, und der letzte von Null verschiedene Rest ist dann der größte gemeinsame Teiler von a und b.

Die Entdeckung ist nun, dass für geometrische Größen, etwa für Strecken, dieses Verfahren möglicherweise nicht abbricht, das heißt, dass alle auftretenden Reste von Null verschieden sind. Bricht das Verfahren dagegen nach endlich vielen Schritten ab, so ist der letzte von Null verschiedene Rest ein gemeinsames Maß; in diesem Fall sind also die beiden Strecken kommensurabel; bricht es nicht ab, so existiert kein gemeinsames Maß, die Strecken sind inkommensurabel.

Es bleibt die Frage, wie man feststellen kann, ob *alle* – also unendlich viele – Reste von Null verschieden sind. Dies muss von Fall zu Fall am konkreten Objekt verifiziert werden. Wir demonstrieren es am Beispiel von Seite und Diagonale eines regelmäßigen Fünfecks.

Zunächst benötigen wir die Eigenschaft des regelmäßigen Fünfecks, die in Abb. 49 dargestellt ist, dass nämlich jede Diagonale parallel zur gegenüberliegenden Seite ist.

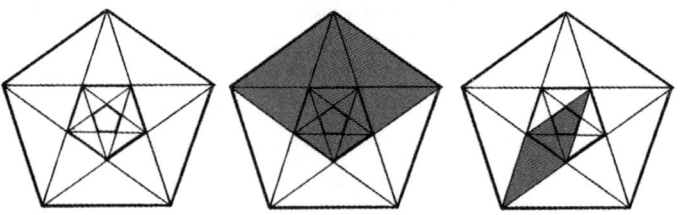

Abb. 49: Zur Wechselwegnahme am regelmäßigen Fünfeck.

Daraus folgt, dass die Diagonalen wieder ein regelmäßiges Fünfeck einschließen, deren Diagonalen ebenfalls usw. Außerdem folgt unmittelbar, wenn wir eine beliebige Diagonale und Seite im Ausgangsfünfeck mit d bzw. s bezeichnen, im zweiten Fünfeck mit d_1 bzw. s_1 usw.:

$$d = s + d_1 \ (d_1 < s)\,,$$

$$s = d_1 + s_1 \ (s_1 < d_1)\,,$$

$$d_1 = s_1 + d_2 (d_2 < s_1)\,,$$

usf. Warum bricht das Verfahren nicht ab? Hätten s und d ein gemeinsames Maß, nennen wir es e, so wäre nach den obigen Gleichungen jede Seite s_i ein Vielfaches von e, also größer oder gleich e. Anschaulich ist aber klar, dass im Widerspruch dazu die inneren Fünfecke und damit deren Seiten mit fortschreitender Konstruktion beliebig klein werden (aber nicht „verschwinden").

Will man einen exakten Beweis führen, so überlegt man sich zunächst, dass aus den ersten beiden Gleichungen der Wechselwegnahme $2s > d$ folgt, und allgemein $2s_n > d_n$. Nun muss man einen fundamentalen Satz heranziehen, den wir in Abschnitt 6.6 erläutern werden und im Vorgriff darauf hier anwenden. Dieser Satz besagt in der jetzigen Situation, dass es einen Index n_0 gibt, so dass $s_{n_0} < e$, und dies ist offensichtlich ein Widerspruch zu dem, was wir oben gefunden haben. Damit ist die Inkommensurabilität bewiesen.

Das reguläre Fünfeck gibt uns ein weiteres Beispiel für einen goldenen Schnitt. Mit den obigen Bezeichnungen gilt nämlich $d : s = s : (d - s)$. Das bedeutet, dass die Schnittpunkte der Diagonalen diese im goldenen Schnitt teilen.

5.4 Zenon von Elea, Achilles, die Schildkröte und das Unendlichkleine

Die Entdeckung des Irrationalen muss eine Grundlagenkrise unter den pythagoreischen Mathematikern ausgelöst haben. Sie bedeutet nicht mehr und nicht weniger, als dass dem wichtigsten Teil pythagoreischer Mathematik (und wesentlichen Teilen pythagoreischer Philosophie) die Basis entzogen war. Die Überzeugung, die Harmonie der irdischen wie der kosmischen Welt sei identisch mit der Harmonie der Zahlen und Zahlenverhältnisse, war nicht mehr aufrechtzuerhalten.

Andererseits hat dadurch die Mathematik aus der pythagoreischen „Klammer" herausgefunden, indem die zunehmende Abstraktheit der mathematischen Aussagen – wie etwa jene zu Irrationalitätsfragen – die Rolle des logischen (dialektischen) Verfahrens des *tertium non datur* (nach dem Vorbild des Parmenides) gestärkt und dadurch die Entwicklung zu einer beweisenden Wissenschaft voran gebracht hat. Darüber hinaus haben Irrationalitätsfragen die Diskussion über die Natur des Unendlichen und des Kontinuums in Gang gesetzt. Allerdings sind die Griechen hier an Grenzen gestoßen, die zu überschreiten ihnen nicht gelungen ist (und die erst 2000 Jahre später in der Infinitesimalmathematik von Leibniz, Newton und anderen überwunden wurden). Wesentlich dazu beigetragen hat die Ablehnung des aktual Unendlichen, des „unendlich-*sein*-Könnens" im Gegensatz zum potentiell-Unendlichen, dem „unendlich-*werden*-Können" durch Aristoteles.

In erster Linie war es Eudoxos, der die Furcht vor dem Irrationalen überwunden und Methoden gefunden hat, dieses „Schreckgespenst" mathematisch (zumindest teilweise) in den Griff zu bekommen und sogar weitere, unvorhersehbare Fortschritte zu erzielen. Wir werden uns genauer damit befassen und beginnen in diesem Abschnitt mit dem bedeutendsten Parmenidesschüler, Zenon von Elea (vgl. 4.4). Zenon ist in

Athen öffentlich aufgetreten und hat seine Zuhörer mit merkwürdigen Geschichten, von Aristoteles „Beweise über die Bewegung" genannt, in Verwirrung gestürzt.

Einer dieser „Beweise" ist die Aporie – der scheinbare Widerspruch – von „Achilles und der Schildkröte". Sie lautet: Einem noch so schnellen Läufer ist es nicht möglich, einen langsameren Läufer einzuholen, wenn diesem ein Vorsprung zugebilligt wird.

„Beweis": Lassen wir Achilles mit einer Schildkröte um die Wette laufen und geben wir der Schildkröte einen (beliebigen) Vorsprung. Jedes Mal, wenn Achilles die Position der Schildkröte erreicht hat, ist diese bereits ein Stück weitergelaufen. Dieser Vorgang wiederholt sich unendlich oft, der langsamere Läufer bleibt also jedes Mal ein Stück voraus.

Nehmen wir willkürlich gewählte Daten an, etwa, der Vorsprung der Schildkröte sei zehn Stadien und Achilles laufe nur zehnmal so schnell wie diese. Dann ist, wenn Achilles die ersten zehn Stadien zurückgelegt hat, die Schildkröte ein Stadion voraus, wenn Achilles diese Stelle erreicht hat, ist sie $1/10$ Stadion voraus usf. Die Abstände sind demnach zu den entsprechenden Zeitpunkten in Stadien $1, 1/10, 1/100, 1/1000, \cdots$, kurz $1/10^n$ für $n = 0, 1, 2, \ldots$. Diese Zahlen sind für jedes n größer als Null. Wenn man aber zu einer Strecke (hier zum Vorsprung von zehn Metern) unendlich viele (von Null verschiedene) Strecken hinzufügt, oder anders ausgedrückt: wenn man zu einer positiven Zahl (hier 10) unendlich viele positive Zahlen addiert (hier nacheinander $1, 1/10$, $1/100, 1/1000$ usf.), muss dann die Zahl nicht „immer größer", also „unendlich groß" werden? Das scheint in der Tat so zu sein, und der Treffpunkt daher unendlich fern.

Mit unserem heutigen Grenzwertbegriff wissen wir, dass die geometrische Reihe $10 + 1 + 1/10 + 1/100 + 1/1000 + \ldots$ tatsächlich aber einen endlichen Wert hat, nämlich $11 + 1/9$, und das ist der Punkt, wo Achilles die Schildkröte einholt.

Hier ist man nebenher zu der Frage nach der Existenz des aktual Unendlichen geführt worden: Holt Achilles die Schildkröte in einer endlichen Strecke ein, so besteht diese Strecke aus unendlich vielen Teilen, und man hat eine unendliche Menge „vorliegen", also eine aktual unendliche Menge. Dass Aristoteles die Existenz solcher Mengen verneint, haben wir oben bereits erwähnt.

In der Darstellung des Zenon erscheint es auch merkwürdig, dass, wenn Achilles die Schildkröte einholen würde, unendlich viele Strecken in endlicher Zeit durchlaufen werden müssten. Es ist aber nun einmal so, dass sowohl Strecken als auch die Zeit in der Tat Kontinua und deshalb unendlich teilbar sind.

5.5 Eine neue Proportionenlehre – Bedeutung und Nachleben

Da nach der altpythagoräischen Proportionenlehre nur kommensurable Größen „ein Verhältnis haben" können, musste nach der Entdeckung der Inkommensurabilität die Proportionenlehre auf eine vollständig neue Basis gestellt werden. Dieses auf geniale Weise getan zu haben, die heute noch tragfähig ist, ist das Verdienst des schon mehrfach erwähnten Eudoxos von Knidos.

Eudoxos war eine umfassend gebildete Persönlichkeit und zweifellos einer der begabtesten Mathematiker vor Archimedes. Er wurde in Knidos, im Süden der Westküste Kleinasiens um 408 v. Chr. geboren. In Tarent in Italien hat er bei Archytas Mathematik und in Sizilien Medizin studiert. Nach Aufenthalten in Athen und Ägypten hat er sich in Kyzikos an der Südküste des Marmarameeres niedergelassen und hier Schüler um sich gesammelt, unter ihnen Deinostratos und die Brüder Menaichmos, die sich vorwiegend mathematisch-naturwissenschaftlichen (astronomischen und geografischen) Studien widmeten. In Begleitung einiger dieser Schüler besuchte er abermals Athen und kam in näheren Kontakt mit der Akademie. Danach ließ er sich in seiner Heimatstadt nieder, betätigte sich auch politisch und verfasste eine Reihe von Schriften über seine Lehren, die fast vollständig verloren sind. Er starb um 355 v. Chr.

Die frühpythagoreische Form der Proportionalität, wie wir sie in Buch VII, Definition 20 der „Elemente" Euklids überliefert finden, lautete (in heutiger Formulierung):

Für „vergleichbare" Größen a, b, c, d gilt $a : b = c : d$ genau dann, wenn es eine natürliche Zahl n gibt, so dass $a = nb$ und $c = nd$, oder wenn es eine natürliche Zahl m gibt, so dass $a = (1 : m) \cdot b$ und $c = (1 : m) \cdot d$, oder wenn es natürliche Zahlen n, m gibt, so dass $a = (n : m) \cdot b$ und $c = (n : m) \cdot d$.

Für inkommensurable Größen ist diese Definition unbrauchbar, da keiner der angenommen Fälle zutrifft; denn es werden ja nur solche

Größen berücksichtigt, bei denen die eine ein rationales Vielfaches der anderen ist.

Die Lösung des Eudoxos ist uns überliefert in Definition 5 des Buches V der „Elemente" Euklids.

Zunächst bleibt es dabei, dass nur „gleichartige Größen" ein Verhältnis haben können. In Definition 4 heißt es: „Dass sie ein Verhältnis zueinander haben sagt man von Größen, die vervielfältigt einander übertreffen können."

Sind a und b die beiden Größen, so muss also $n \cdot a > b$ oder $n \cdot b > a$ gelten für eine hinreichend große Zahl n. (Sind hier a und b reelle Zahlen, $a > 0$, so haben wir das, was wir heute als „Archimedisches Axiom" bezeichnen.) Zahlen oder Strecken beispielsweise können vervielfältigt, das heißt, zu neuen Größen der gleichen Art zusammengesetzt werden, während das für andere Größen wie Zeitspannen, Flächen, Geschwindigkeiten nicht so offensichtlich ist.

Dann wird für gleichartige Größen a, b und gleichartige Größen c, d (wobei aber a oder b nicht gleichartig mit c oder d sein müssen!) definiert: Es sei $a : b = c : d$ genau dann, wenn für alle natürlichen Zahlen m, n gilt:

Ist $ma < nb$, so auch $mc < nd$;

ist $ma = nb$, so auch $mc = nd$;

ist $ma > nb$, so auch $mc > nd$.

Auf dieser Definition der Verhältnisgleichheit baute Eudoxos eine vollständige Proportionenlehre auf, einschließlich aller Rechenregeln, die unseren Regeln für das Rechnen mit Brüchen entsprechen.

Man kann die Definition auch folgendermaßen in Worte fassen, wenn man rationale Verhältnisse $m : n$ durch rationale Zahlen m/n ersetzt: Alle rationalen Zahlen, die kleiner als $a : b$ sind, sind auch kleiner als $c : d$; ist eine rationale Zahl gleich $a : b$, so ist sie auch gleich $c : d$; alle rationalen Zahlen, die größer als $a : b$ sind, sind auch größer als $c : d$.

Man erkennt, dass hier irrationale Verhältnisse allein durch Rückgriff auf rationale Zahlen definiert werden. Denkt man sich die irrationalen Verhältnisse durch irrationale Zahlen ersetzt, so ist man ungefähr bei der Definition der reellen Zahlen, die Richard Dedekind im 19. Jahrhundert gegeben hat und die bis heute unverändert geblieben ist. Um beispielsweise $\sqrt{2}$ nicht nach griechischer Art als geometrische Größe (Diagonale im Einheitsquadrat), sondern als Zahl zu definieren, betrachtete Dedekind zwei Mengen rationaler (!) Zahlen, nämlich

$$U = \{q; q^2 < 2\}, \; O = \{q; q^2 > 2\}$$

und definierte diesen „Schnitt" (U,O) als $\sqrt{2}$. Allgemein wird eine positive reelle Zahl – oder ein beliebiger Punkt > 0 auf der Zahlengerade – definiert als Zerlegung (U,O) der Menge der positiven rationalen Zahlen, so dass jede Zahl aus U kleiner als jede Zahl aus O ist.

Es wäre unangemessen, Dedekinds Arbeit „nur" als eine Variante der Eudoxischen Proportionenlehre zu bezeichnen. Unzweifelhaft ist aber, dass die Eudoxische Proportionenlehre wie auch seine Exhaustionsmethode, die wir in Abschnitt 6.6 behandeln, wesentliche Entwicklungen der Infinitesimalmathematik des 18. Jahrhunderts vorgezeichnet haben. Man muss es als Ironie der Geschichte bezeichnen, dass es über 2000 Jahre dauerte, bevor diese Ideen Früchte tragen konnten.

5.6 *Quod erat demonstrandum* – Die deduktive Methode

Im 6. und frühen 5. Jahrhundert v. Chr. waren die Methoden und Begründungsstrategien in der Mathematik sowohl bei Thales als auch bei den frühen Pythagoreern zunächst noch von ganz anschaulich-empirischer Art. Man denke etwa an die Aussage in 5.1, dass die Durchmesser eines Kreises diesen halbieren und den zugehörigen Beweis, an die Steinchen-Arithmetik oder auch an den Beweis des pythagoreischen Lehrsatzes für gleichschenklig-rechtwinklige Dreiecke in Abschnitt 5.2.

Wie ist es nun dazu gekommen, dass man die Notwendigkeit sah, von der anschaulich-empirischen Begründung zur logisch-deduktiven Methode überzugehen, wie wir sie in ihrer endgültigen Form in den „Elementen" Euklids vorfinden?

Sicher kann diese Frage nicht durch Verweis auf einzelne Ereignisse oder Entdeckungen beantwortet werden. Vielmehr handelt es sich um einen Prozess, der durch eine ganze Reihe von innermathematischen, aber auch anderen geistesgeschichtlichen und nicht zuletzt gesellschaftspolitischen Umständen beeinflusst worden ist. Wesentliche Aspekte haben wir bereits an verschiedenen Stellen genannt und begründet, von denen wir einige hier zusammenstellen wollen.

Die Zunahme des Wissens im 5. Jahrhundert verlangte nach einer systematischen Ordnung. Man erkannte die Notwendigkeit, die vielen Einzelaussagen und Erkenntnisse auf eine kleine Anzahl von Grundaussagen zurückzuführen. Ein erster Markstein auf diesem Wege war das Werk des Hippokrates von Chios im ausgehenden 5. Jahrhundert. Er ist wahrscheinlich der Verfasser der ersten „Elemente", einer Art Lehrbuch, in dem er die Mathematik des 6. und frühen 5. Jahrhunderts gesammelt und geordnet niedergeschrieben hat. Widersprüchliche Überlieferungen aus Babylon und Ägypten, zum Beispiel bei der Kreiszahl π, haben ein Übriges dazu beigetragen und verlangten nach überzeugenden Argumenten.

Durch die Siege über die Perser ist Athen zur führenden Macht unter den griechischen Stadtstaaten aufgestiegen. Gestützt auf den Attischen Seebund (Athen/Sparta), konnte sich die politische und geistige Entwicklung Athens frei entfalten. Trotz der folgenden Kämpfe mit dem Nachbarn Sparta entwickelte sich in Athen die Demokratie. Das politische Leben war fortan wesentlich geprägt durch Debatten, in denen Erfolg oder Misserfolg von der Überzeugungskraft der Argumente abhing. Im Grenzbereich zwischen Politik und Philosophie traten die Sophisten („Weisheitslehrer") auf, die die Jugend in den Wissenschaften, vor allem in Rhetorik und Dialektik (Logik), unterrichteten. Freilich geschah dies nicht aus Gründen der zweckfreien wissenschaftlichen Erkenntnis. An deren Stelle traten Subjektivismus und Relativismus („der Mensch ist das Maß aller Dinge", es gibt nur ein Meinen, keine allgemeinen Wahrheiten). Unter diesen Umständen entwickelte sich die Logik zu einem wirksamen Instrument der „Kunst des Überzeugens" oder besser: des „Überredens".

Nach der Entdeckung inkommensurabler Größen (vgl. Abschnitt 5.3), die immer auch mit dem Unendlichkleinen und Unendlichgroßen zusammenhängt sowie mit Größen, die wir heute irrational nennen, von den Griechen aber als „unaussprechbar" bezeichnet wurden, wurde man zwangsläufig mehr und mehr vom sinnlich Anschaulichen in das Gebiet des abstrakten Denkens verwiesen. Gefördert wurde das gewiss durch die Argumentationsweise der Philosophen aus der Schule der Eleaten, aber auch durch die Dialektik Platons. Ihre Abkehr vom Anschaulichen und die Hinwendung zu abstrakten Begriffen haben diese Philosophen mit Notwendigkeit zu ebenso abstrakten logischen Schlüssen geführt. Das ist auch außerhalb dieses Philosophenkreises nicht ohne Auswirkungen geblieben, wie die Auftritte des Parmenidesschülers Zenon von

Elea in Athen illustrieren, wo er mit seinen Aporien die These des Parmenides unterstützen wollte, dass die auf Anschauung basierenden Erkenntnisse zu logischen Widersprüchen führen. Die Entdeckung der Inkommensurabilität und der damit zusammenhängenden Probleme des Unendlichen waren im Hinblick auf ihre Abstraktheit mit denjenigen der eleatischen Philosophie durchaus vergleichbar.

6. Ausbau und Vertiefung – Athen oder Die klassische Zeit

6.1 Licht und Schatten – Platon über Mathematik

Den Mathematikern in den alten Hochkulturen und Griechenland war gemeinsam, dass sie Aussagen über Zahlen und Figuren gemacht haben. Während aber bei ersteren die Zahlen und Figuren an materielle Dinge gebunden waren, begannen die Griechen schon früh – wenn man Proklos in dieser Hinsicht glauben darf, bereits mit Thales – allgemeine Aussagen über abstrakte Objekte zu machen, die nicht an konkrete, materielle Dinge gebunden waren. Über deren Eigenschaften sollten Aussagen gemacht werden, nicht über die materiellen Dinge, mit denen sie in Zusammenhang gebracht werden konnten oder von denen sie eventuell „abgelöst" wurden. Nicht von einem konkreten, materiellen – etwa gezeichneten oder aus Draht gefertigten – Dreieck sollte die Rede sein, sondern von einem abstrakten, gedachten Dreieck.

„Wenn also die Geometrie uns nötigt, das Sein zu betrachten, so ist sie uns von Nutzen, wenn aber das Werden, dann hat sie keinen Nutzen." [Platon, Der Staat, VII.526, S. 288]

Ein „praktizierender" Mathematiker macht, wenn immer möglich und nützlich, von konkreten Hilfsmitteln wie Zeichnungen oder Modellen Gebrauch. Dabei ist er sich aber stets bewusst, dass er nicht Aussagen über die realen Bilder, sondern über deren immaterielle, geistige „Urbilder" macht, von denen die materiellen Realisierungen gewissermaßen nur „Abbilder" sind. Es bleibt die Frage: Haben die abstrakten mathematischen Objekte eine irgendwie geartete Existenz unabhängig von materiellen Realisierungen, oder sind solche Realisierungen Voraussetzungen für deren Existenz. Gelten Aussagen wie: „Im gleichschenkligen Dreieck sind die Basiswinkel gleich" nur für die Urbilder? Für die Abbilder können sie ja höchstens näherungsweise gelten. Oder dass eine Tangente den Kreis nur in einem Punkt berührt, kann ja sozusagen nur abstrakt wahr sein, für die Zeichnung dagegen nicht, und das, obwohl uns diese – auf dialektischem, das heißt argumentativem Wege – zur Einsicht geführt hat.

Die Antipoden in diesen Fragen sind die beiden großen Philosophen Platon und Aristoteles.

Platon (427–347 v. Chr.), obwohl selbst kein Mathematiker, hat fast alle maßgeblichen Mathematiker seiner Zeit in seine Akademie gezogen und dadurch die Entwicklung der Mathematik stark geprägt. Darunter waren auch maßgebliche Pythagoreer. Deren Auffassungen über das Wesen der mathematischen Objekte und die zulässigen Methoden sind bis heute zu spüren.

Platon war acht Jahre Schüler des Sokrates. Er verwandelte die Dialektik, mit deren Hilfe Sokrates das Scheinwissen über gut und böse abbauen wollte, in einen Weg der Erkenntnis dessen, was das Gute eigentlich sei und was das Böse.

Nach dem Tod des Sokrates hat Platon sich mit Schülern nach Megara begeben, später nach Ägypten und nach Sizilien zu Dionysios I., der ihn gefangen setzte. Hier lernte er den Pythagoreer Archytas von Tarent kennen und durch ihn die pythagoreischen Lehren. Archytas war es auch, der Platons Entlassung aus der Gefangenschaft bewirkt hat. Platon ging dann nach Athen und gründete 387 v. Chr. die Akademie. Nach zwei weiteren Besuchen in Sizilien wandte er sich in seinen späteren Lebensjahren ganz der Philosophie und der Lehre in seiner Akademie zu.

Im Zentrum der Philosophie Platons steht seine Ideenlehre. Der Weg, auf dem er hierzu gelangte, war weniger der der philosophischen Einsicht, als vielmehr seine Enttäuschung über die politische Situation seiner Zeit, der Ungerechtigkeit und Korruption der politischen Klasse. Am deutlichsten trat ihm das in der Verurteilung und Hinrichtung des Sokrates vor Augen, eines Mannes, der nichts als Tugend und Gerechtigkeit im Sinn hatte. Eine solche Verkehrung der Werte in der Wirklichkeit führte ihn zur Unterscheidung vom eigentlichen Wesen, der „Idee" eines Seienden, einer Tugend oder ähnlichem und deren Erscheinungsformen in der Wirklichkeit. Gerechtigkeit ist nicht das, was wir erfahren; was wir sehen, ist nur ein schwacher Abglanz des Urbildes von Gerechtigkeit, das wir in unserer Seele besitzen. Genauso ist es mit Gegenständen der Welt: Was ein Baum, eine geometrische Figur, eine Zahl ist, wissen wir nur, wenn wir ein Urbild, eine Idee von diesen Dingen in uns tragen. Platon folgert weiter: Das eigentlich Seiende sind nicht die Dinge, son-

dern deren Urbilder. Die Dinge sind bloße Abbilder, Schatten ihrer Urbilder. Woher kommen aber diese Urbilder? Platon erklärt ihre Existenz
damit, dass der Mensch vor seinem Dasein in der Zeit teilgehabt hat an
der Welt der Ideen, und es ist Aufgabe des Menschen, sich dieser Bilder
wiederzuerinnern, sie sozusagen wieder ins „rechte Licht" zu stellen. In
Platons „Staat" heißt es von den Mathematikern

„dass sie sich der sichtbaren Gestalten bedienen und immer von diesen
reden, während den eigentlichen Gegenstand ihres Denkens nicht diese
bilden, sondern jene, deren bloße Abbilder diese sind." [Platon, Der
Staat, VI.510, S. 267]

Wie ordnet Platon „den eigentlichen Gegenstand" des Denkens der
Mathematiker in seine Ideenlehre ein, wie verhalten sich die mathematischen Objekte zum Begriff der Idee? Gibt es eine Beziehung zwischen
Urbild und Abbild, zwischen der Idee des Dreiecks und seinen realen,
konkreten Abbildern? Für Platon ist es das Prinzip der Teilhabe. Die
realen Dreiecke haben Teilhabe an der Idee des Dreiecks. Ähnliches gilt
für die Aussagen. Diese gelten nur für die Idee des Dreiecks, aber die
realen Dreiecke haben eine Teilhabe an ihnen, indem sie (wenigstens)
näherungsweise gelten.

Ob die mathematischen Objekte in der Ideenlehre vollständig dem
Bereich der Ideen angehören, diese schon früh diskutierte Frage scheint
bei Platon keine eindeutige Antwort zu finden. Aristoteles sagt dazu
[Metaphysik 987 b]:

„Ferner erklärt er [Platon], dass außer dem Sinnlichen und den Ideen die
mathematischen Dinge existierten, als zwischen ihnen liegend, unterschieden von Sinnlichen durch ihre Ewigkeit und Unbeweglichkeit, von
den Ideen dadurch, dass es der mathematischen Dinge viel gleichartige
gibt, während jede Idee nur eine, sie selbst, ist." (Etwa eine Zahl als
„Vielheit" von Einheiten, während die Einheit als Idee doch nur eine ist;
oder das Vorhandensein mehrerer Dreiecke in einem Viereck usw.)

Wenn, wie oben gesagt, der Mathematiker sich der sinnlichen, materiellen Dinge bedient, wie kann er dann Aussagen finden, die nicht notwendig für diese, sondern für deren Urbilder gelten?
Hier kommt die Dialektik ins Spiel. Mit ihrer Hilfe müssen in erster
Linie die in den Sinnendingen notwendig gelegenen Widersprüche be-
hoben werden; nur so kommt man zu unveränderlich wahren Aussagen.
Es ist das *tertium non datur*: Hypothesen, die zu Widersprüchen führen,

können keine Wahrheit sein. Wie das gehen kann, macht Platon im Dialog „Menon" an einem berühmt gewordenen Beispiel deutlich, das wir im nächsten Abschnitt besprechen werden.

Wir haben soeben Aristoteles erwähnt und seinen Kommentar zum Zusammenhang von platonischer Ideenlehre mit der „Natur" der mathematischen Objekte. Was sagt Aristoteles selbst zu dieser Frage?

Zunächst einige Daten zur Person. Aristoteles (384–322 v. Chr.) war seit seinem siebzehnten Lebensjahr zwanzig Jahre als Schüler und Kollege Platons in dessen Akademie tätig. Nach Platons Tod verließ er 347 Athen, 343 bis 340 war er Lehrer Alexanders (des Großen), 335 kehrte er nach Athen zurück, lehrte hier im Lykeion, übersiedelte 322 von Athen nach Chalkis, wo er starb. Nach seinem Geburtsort wird er als der „Stagirit" bezeichnet, nach der Wandelhalle, wo er lehrte, dem Peripatos auf dem Gelände des Lykeion, nennt man ihn und seine Schüler die „Peripatetiker"; im Mittelalter war er einfachhin „Der Philosoph". Aristoteles hat ein enormes enzyklopädisches Werk hinterlassen, in dem sich Abhandlungen zu fast allen Wissenschaften finden, darunter Logik, Wissenschaftstheorie, Naturlehre, Metaphysik und Ethik. Eigentlich Mathematisches gibt es nicht, aber über die Grundlagen hat er sich an verschiedenen Stellen geäußert, sowohl in philosophischer Hinsicht, unter anderem über die Seinsweise der mathematischen Objekte, über den axiomatisch-deduktiven Aufbau der Mathematik und über das Unendliche; und nicht zuletzt müssen seine fundamentalen Arbeiten über Logik genannt werden, die besonders im Mittelalter, aber auch bis in die Neuzeit hinein von außerordentlichem Einfluss waren.

Aristoteles erläutert seine Auffassung zu der genannten Problematik mehrfach im Zusammenhang mit und im Unterschied zur Physik, wenn er etwa darlegt, dass sich der Mathematiker mit physischen Körpern nur insofern beschäftigt, indem er das mathematische, wie Flächen- und Körperinhalt, Längenausdehnung und Punkte von ihnen trennt und über dieses Getrennte seine Erwägungen anstellt.

„Die Geometrie betrachtet ja eine tatsächlich hingezeichnete Linie, aber eben nicht insofern sie diese Beschaffenheit hat". [Aristoteles, Physik, II.2, S. 59]) „... dasjenige wiederum, was zwar unabtrennbar ist [zum Beispiel Länge, Breite, Höhe eines Körpers], aber nicht als Eigenschaft dieses oder jenes Körpers untersucht wird, sondern auf Grund von Abstraktion, ist Gegenstand des Mathematikers" [Aristoteles, Von der Seele, Buch I, S. 261].

Aristoteles nennt auch ein Beispiel:

„Das durch Abstraktion Bezeichnete wird gedacht, so wie man etwa das Stumpfnasige denkt: sofern es stumpfnasig ist, ist es nicht abgesondert, sofern es aber krumm ist, wenn man nur dies faktisch denkt, so wird man es ohne das Fleisch denken, an welchem das Krumme ist. So denkt man die mathematischen Dinge, die nicht abgesondert sind, als abgesondert, wenn man sie denkt." [Ebd., Buch III, S. 337]

Aus alldem geht hervor, dass Aristoteles den mathematischen Dingen im Gegensatz zu Platon kein selbstständiges Sein zubilligt, vielmehr existieren sie nur zusammen mit physischen Gegebenheiten, von denen der Mathematiker sie allerdings zum Zwecke seiner Untersuchungen abstrahiert.

6.2 Lernen oder Erinnern – Sokrates, Menon und die Quadratverdopplung

Die sicherste Methode, in das Reich der Ideen einzudringen, bietet Platon zufolge die Mathematik, vornehmlich die Geometrie. Der Geometer darf freilich nicht, wie wir im vorigen Abschnitt gesehen haben, bei den vergänglichen Abbildern (deren er sich zweifellos als Hilfe bedienen kann und muss) stehen bleiben, sondern muss von da aus zu den ewigen, unveränderlichen Urbildern voranschreiten, „denn der eigentliche Zweck dieser ganzen Wissenschaft ist nichts anderes als die reine Erkenntnis." [Platon, Der Staat VII.527, S. 288]

Die Urbilder sind, wie die Ideen allgemein, in der menschlichen Seele schon immer vorhanden, ebenso deren Eigenschaften. Mit anderen Worten: mathematische Sätze werden nicht erfunden, erschaffen oder durch Erfahrung erworben, sie werden „ent-deckt". Erkenntnis ist in Wahrheit nichts anderes als Erinnerung, Erinnerung an ein vorgeburtliches Wissen. Erinnern aber bedeutet, die Hindernisse zu beseitigen, die durch den Eintritt in die reale Welt die Sicht auf die Urbilder und ihre Eigenschaften verstellen. Das Mittel hierzu ist die dialektische Methode. In seinem Dialog „Menon" macht Platon das ganz deutlich. [Platon, Menon, Kap. XV, S. 39 ff]. Wir geben diesen Dialog in Auszügen wieder:

Sokrates (S) will seinem Gesprächspartner Menon (M) klar machen, „dass wir nicht lernen, sondern das, was wir so nennen, nur ein Erinnern ist." Dazu stellt er einen Knaben (K), der ein Diener Menons ist und, wie Menon ausdrücklich bestätigt, nie in Geometrie unterrichtet worden ist, vor cin gcomctrischcs Problcm. Sokratcs fordcrt Mcnon auf, darauf zu achten, ob der Knabe ihm erscheine „als erinnerte er sich oder als lernte er von mir".

Sokrates legt nun dem Knaben ein Quadrat der Seitenlänge zwei Fuß vor (vermutlich in den Sand gezeichnet; man vgl. den Gesprächsverlauf an Abb. 50). Auf die Frage nach dem Flächeninhalt antwortet der Knabe richtig, dass dieser vier Quadratfuß beträgt. Nun soll ein Quadrat gefunden werden, dessen Flächeninhalt doppelt so groß ist, also acht Quadratfuß beträgt.

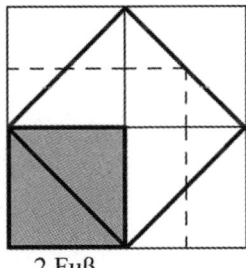

2 Fuß

Abb. 50: Quadratverdopplung.

Zunächst versucht der Knabe es mit der doppelten Seitenlänge, also vier Fuß, was er aber sofort verwirft, nachdem Sokrates ihn aufgefordert hat, doch einmal nachzurechnen, wie viel vier mal vier ist. Nun, da die angestrebte Fläche von acht Quadratfuß kleiner ist als die von sechzehn und größer als die gegebene von vier Quadratfuß, versucht der Knabe es mit einem Wert zwischen zwei und vier Fuß, und schlägt drei Fuß vor. Auch das wird bald als nicht zielführend erledigt.

Nun konfrontiert Sokrates den Knaben nochmals mit der Aufforderung:

S: Aber wie groß muss sie denn sein? Versuche es uns genau anzugeben; und wenn du es nicht ausrechnen willst, so zeige uns in der Figur die betreffende Linie.

Darauf der Knabe konsterniert:

K: Aber beim Zeus, mein Sokrates, ich weiß es nicht.

Die Erkenntnis des Nichtwissens wird zum Angelpunkt des weiteren Erkenntnisprozesses. Von Vorurteilen befreit, wird der Weg zur reinen Erkenntnis geebnet, zur Schau dessen, was die Seele im vorgeburtlichen Stadium besessen hatte, und was durch Eintritt in die Welt der Sinnendinge verschüttet worden ist. Dies legt Sokrates seinem Gesprächspartner Menon mit den folgenden Worten dar:

S: (Zu Menon) Merkst du auch wieder, mein Menon, auf welcher Stufe der Wiedererinnerung er sich bereits befindet? Anfangs wusste er zwar nicht, welches die Seite des achtfüßigen Quadrates sei, wie er es auch jetzt noch nicht weiß, aber damals glaubte er doch, es zu wissen und antwortete zuversichtlich wie ein Wissender und fühlte sich frei von jeder Verlegenheit. Jetzt, aber fühlt er sich bereits verlegen, und wie er es tatsächlich nicht weiß, so glaubt er auch nicht, es zu wissen.

M: Du hast recht.

S: Ist er nicht also jetzt in einer besseren Lage hinsichtlich der Sache, die er nicht wusste?

M: Auch das halte ich für richtig.

S: Wenn wir ihn also in Verlegenheit setzten und wie der Zitterrochen ihn erstarren machten, haben wir ihm dadurch Schaden getan?

M: Nein, wie mir scheint.

S: Wir haben ihn also doch wohl einige Schritte vorwärts gebracht in Auffindung des Sachverhalts. Denn jetzt wird er mit Freuden auch als ein Nichtwissender im Forschen fortfahren, damals aber glaubte er mit Leichtigkeit angesichts vieler oft versichern zu können, das doppelte Quadrat müsse auch eine doppelt so lange Seite haben.

M: Wohl richtig.

S: Glaubst du nun, er würde jemals den Versuch gemacht haben, nach dem zu forschen oder das zu lernen, was er glaubte zu wissen ohne es doch zu wissen, wenn er nicht zuvor in Verlegenheit gebracht worden wäre durch das erweckte Gefühl seines Nichtwissens und von Sehnsucht nach dem Wissen ergriffen worden wäre?

M: Schwerlich, mein Sokrates.

S: Das Erstarren also war ihm von Nutzen?

M: So dünkt mich.

S: So gib nun acht, was er auf Grund dieses Zustandes der Verlegenheit mit mir forschend auffinden wird, lediglich, indem ich frage, nicht aber lehre. Pass aber genau auf, ob du mich etwa dabei ertappst, dass ich ihn belehre und ihm erläuternde Auskunft gebe statt mich darauf zu beschränken, ihm seine Meinung abzufragen.

Nun kommt der Trick. Sokrates weist den Knaben an, wenn auch in Frageform, die Diagonalen in den vier Teilquadraten zu betrachten.

S: Teilt nun nicht eine Linie von dieser Art, von Winkel zu Winkel, jedes dieser Quadrate in zwei gleiche Teile?
K: Ich kann nicht darauf kommen.
S: Sind dies nicht vier Quadrate und hat nicht jede Linie von jedem die Hälfte innen abgeschnitten? Oder nicht?
K: *Ja.*
S: Wie viele solcher Hälften (Dreiecke) sind nun in diesem Quadrat enthalten?
K: Vier.
S: Wie viele aber in diesem da?
K: Zwei.
S: Die vier aber sind im Verhältnis zu den zwei was?
K: Das Doppelte.
S: Wie viel Fuß groß ist nun dieses Quadrat da?
K: Acht Fuß.
S: Mit welcher Seite?
K: Mit dieser.
S: Mit derjenigen, die von einem Winkel des vierfüßigen Quadrates zu dem anderen gezogen ist?
K: Ja.
S: Der Name aber für diese Linie ist bei den Gelehrten ‚Diagonale‘. Ist dies aber der Fall, so wird, deiner Behauptung zufolge, du Sklave des Menon, die Diagonale die Seite des doppelten Quadrates bilden.
K: Ohne Zweifel, Sokrates.

Damit hat der Knabe seine Schuldigkeit getan und Sokrates wendet sich an Menon.

S: (Zu Menon.) Was meinst du nun dazu, mein Menon? Hat dieser irgendeine Meinung geäußert, die nicht seine eigene wäre?
M: Nein, nur seine eigene.
S: Und doch wusste er nichts davon, wie wir kurz vorher behaupteten.
M: Du hast recht.
S: Diese Meinungen aber gehörten doch seinem Geiste an. Oder nicht?
M: Ja.
S: Dem Nichtwissenden wohnen also doch wahre Meinungen inne über das, was er nicht weiß, mag dies letztere nun sein, was es wolle.
M: Allem Anschein nach.
S: Und jetzt eben sind ihm diese Meinungen aufgedämmert wie im Traum. Wenn man ihn aber häufig und in mannigfacher Weise nach dem Nämlichen fragt, so wird er schließlich gewiss in den Besitz strengsten Wissens darüber gelangen.
M: Aller Vermutung nach.
S: Nicht also durch Belehrung, sondern durch bloßes Fragen wird er zum Wissen gelangen, indem er aus sich selbst das Wissen gewinnt.

M: Ja.

S: Heißt aber das Wissen aus sich selbst gewinnen nicht so viel als sich wiedererinnern?

M: Allerdings.

S: Steht es also damit nicht so, dass dieser Sklave das Wissen, das er jetzt besitzt, entweder zu irgendwelcher Zeit empfangen hat oder es immer besaß?

M: Ja.

S: Wenn er es nun immer besaß, so war er auch immer ein Wissender; wenn er es aber irgendwann empfangen hat, so wird er es doch nicht in dem jetzigen Leben empfangen haben. Oder hat ihn jemand in der Geometrie unterrichtet? Denn er wird im ganzen Gebiete der Geometrie das Nämliche leisten und ebenso in allen anderen Wissensgebieten. Hat ihn nun irgendjemand in allem unterrichtet? Du musst es ja besser wissen als sonst wer, denn er ist ja in deinem Hause geboren und aufgewachsen.

M: Nun, ich weiß, dass ihn nie jemand unterrichtet hat.

S: Er besitzt aber doch diese Meinungen. Oder nicht?

M: Das scheint unabweisbar, mein Sokrates.

Wir überlassen es dem Leser zu entscheiden, ob es sich beim Knaben wirklich, wie Sokrates behauptet, um ein Erinnern handelt, oder, angesichts der gezielten Fragen des Sokrates, nicht doch um ein Lehren und Lernen.

6.3 Eine Frage der Ästhetik – Konstruktionen mit Zirkel und Lineal

Im vorigen Abschnitt haben wir ein Verfahren kennengelernt, wie man, kurz gesagt, ein Quadrat verdoppelt. Gemeint ist, wie man zu einer gegebenen Strecke der Länge a eine Strecke der Länge b „finden", das heißt hier: „konstruieren" kann, so dass das Quadrat mit der Seitelänge b den doppelten Flächeninhalt des Quadrates mit der Seitenlänge a hat. In unserer algebraischen Symbolik soll also gelten $b^2 = 2a^2$, oder $b = \sqrt{2} \cdot a$. Ist $a = 1$, so heißt das $b = \sqrt{2}$. Aber so haben die Griechen überhaupt nicht gedacht. Bei ihnen ist die Strecke a als solche gegeben und die Strecke b soll nicht „ausgerechnet", sondern nur (abgesehen von Papier und Bleistift o. ä.) mit Zirkel und Lineal aus a konstruiert werden. Für den Fall der Quadratverdopplung ist, wie der Knabe im Menondialog sich mit der Hilfe des Sokrates „in Erinnerung gerufen" hat, die

Diagonale im Quadrat mit der Seite *a* die gesuchte Strecke. Diese Konstruktion ist zwar mit Zirkel und Lineal leicht auszuführen, dennoch ist sie wegen ihres Zusammenhangs mit dem Irrationalen und Inkommensurablen von Bedeutung. Wir werden im weiteren Verlauf des Buches weitere Konstruktionen mit Zirkel und Lineal kennenlernen, aber auch Figuren, die sich nicht mit diesen einfachen Hilfsmittel konstruieren lassen und anderer Konstruktions-„Werkzeuge" bedürfen.

Man mag die Frage stellen: „Warum mit Zirkel und Lineal". Diese Frage ist schon oft gestellt worden, eine definitive Antwort wurde noch nicht gefunden. Immerhin gibt es einige Hinweise.

Zuvor wollen wir – in modernisierter Form – präzisieren, was mit „konstruieren mit Zirkel und Lineal" gemeint ist. Vorweg sei gesagt, dass das Lineal keine Skala besitzt, also nicht zum Messen benutzt werden kann.

Am Anfang stehen zwei beliebige aber verschiedene Punkte (vgl. Abb. 51).

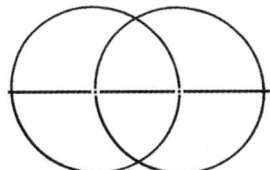

Abb. 51: Konstruktionen mit Zirkel und Lineal, erster Schritt.

Durch diese darf mit dem Lineal eine Gerade gezogen werden, und mit dem Zirkel dürfen Kreise gezeichnet werden durch die gegebenen Punkte mit diesen als Mittelpunkte.

Danach hat man vier neue Punkte, nämlich die Schnittpunkte der beiden Kreise miteinander und mit der anfangs gezeichneten Geraden.

Nun darf man so fortfahren, indem man je zwei beliebige (verschiedene) schon konstruierte Punkte durch eine Gerade verbindet und/oder um schon konstruierte Punkte Kreise zeichnet, deren Radien gleich dem Abstand zweier schon konstruierter Punkte ist; die so entstehenden Schnittpunkte der Geraden, der Geraden mit den Kreisen und der Kreise gelten dann ebenfalls als konstruierte Punkte.

In Abb. 51 sieht man, dass man bereits nach dem ersten Schritt zwei grundlegende Konstruktionen erreicht hat, nämlich ein gleichseitiges Dreieck (genauer deren zwei) mit der Ausgangsstrecke als Seite. Außerdem ist die Verbindungsgerade der Schnittpunkte der beiden Kreise die Mittelsenkrechte auf der Ausgangsstrecke.

Mit Konstruktionen allein ist es aber nicht getan, vielmehr muss bewiesen werden, dass die konstruierte Figur die geforderten Eigenschaften besitzt, zum Beispiel, dass die eben genannte Verbindungsgerade der Schnittpunkte der beiden Kreise tatsächlich die Bedingungen einer Mittelsenkrechten erfüllt (was natürlich nicht schwer ist).

An diesem Punkt rufen wir uns in Erinnerung, was wir im in Abschnitt 6.1 über die „Natur" der mathematischen Dinge gesagt haben und darüber, was das Ziel des Mathematikers sein sollte: Reine Erkenntnisse über abstrakte Objekte, insbesondere nicht über gezeichnete, sondern über gedachte Strecken. Gleichwohl sind Zeichnungen erlaubte Hilfsmittel, sofern die gezeichneten Linien als gegeben gedacht werden können, unabhängig von der Art der Konstruktion. Nach Platon gilt ja für die Geometer,

„... dass sie sich der sichtbaren Gegenstände bedienen und immer von diesen reden, während den eigentlichen Gegenstand ihres Denkens nicht diese bilden, sondern jene, deren bloße Abbilder diese sind. Denn das Quadrat an sich ist es und die Diagonale an sich, um derentwillen sie ihre Erörterungen anstellen, nicht aber dasjenige, welches sie durch Zeichnung entwerfen, und so auch in den weiteren Fällen; eben die Figuren selbst, die sie bildend oder zeichnend herstellen, von denen es auch wieder Schatten und Bilder im Wasser gibt, dienen ihnen als Bilder, mit deren Hilfe sie eben das zu erkennen suchen, was niemand auf andere Weise erkennen kann als durch den denkenden Verstand." [Platon, Der Staat 510/511]

Wie steht es nun mit einer Antwort auf die oben gestellte Frage, ob die Konstruktionen mit Zirkel und Lineal in der griechischen Mathematik eine exponierte Stellung hatten, und wenn ja, warum.

Eine exponierte Stellung hatten sie jedenfalls in den „Elementen" Euklids (vgl. 7.1). In diesem höchst einflussreichen Werk, das ganz in der Tradition der Akademie verfasst ist, gibt es viele Konstruktionen, aber nur solche, die allein mit Zirkel und Lineal auskommen.

Andererseits ist festzustellen, dass es, wie schon erwähnt, eine ausschließliche Verwendung dieser Methode nie gegeben hat. Platon selbst wird ein Verfahren zugeschrieben, das nicht mit Zirkel und Lineal auskommt, und es gibt weitere, von denen wir noch einige kennenlernen werden. Allerdings beruhen diese anderen durchweg auf dem Begriff der

Bewegung, indem Strecken etwa mittels des Zirkels an andere abgetragen werden oder Markierungen auf dem Lineal angebracht werden oder ähnliches. Wenn man das mit der Ansicht in Verbindung bringt, Bewegung gehöre nicht in die Mathematik, so kann man hier ein Indiz für die Bevorzugung der genannten Methode sehen, überzeugend ist das aber nicht.

Platon selbst hat sich über eine Vorzugstellung der Konstruktionen mit Zirkel und Lineal nicht klar geäußert. Dennoch hat die Überlieferung daran festgehalten, wozu Äußerungen wie die folgende beigetragen haben mögen. Im Dialog „Philebos" [51c] heißt es:

„Als Schönheit von Figuren versuche ich jetzt nicht das zu bezeichnen, was die Menge dafür nehmen dürfte, wie zum Beispiel die von lebenden Wesen oder Gemälden, sondern ich verstehe darunter … Gerade und Kreis und die von diesen aus durch Zirkel und Lineal und Winkel [Richtscheit?] entstehenden ebenen und räumlichen [Figuren]."

Symmetrie und Klarheit sind gleichermaßen grundlegende Prinzipien der Mathematik wie der Schönheit. Gerade und Kreis haben ein hohes Maß an Symmetrie: jeder Punkt einer Geraden ist Symmetriepunkt, jeder Durchmesser eines Kreises ist Symmetrieachse, und sie gehören sicher zu den einfachsten und elementarsten geometrischen Figuren. Es mag sein, dass nach Ansicht Platons die nur durch Zirkel und Lineal konstruierten Figuren gerade deswegen vorzuziehen sind; jedenfalls ist es eine naheliegende Frage, wie weit man, auf diesen aufbauend, kommt. Eine Exklusivität dieser Methode kann man daraus aber nicht ableiten.

6.4 Elemente des Universums –
Die platonischen Körper

Platonisch nennen wir diejenigen Körper, deren Oberflächen aus lauter kongruenten regelmäßigen Vielecken bestehen, von denen in jeder Ecke gleich viele zusammenstoßen, und die zudem konvex sind, das heißt, dass mit je zwei Punkten im Innern des Körpers auch alle Punkte der Verbindungsstrecke innerhalb des Körpers liegen (es gibt keine „Dellen").

Diese Gebilde spielen in der pythagoreischen und im Gefolge davon in der platonischen Kosmologie eine zentrale Rolle. Es gibt genau fünf solcher Körper:

Tetraeder aus 4 gleichseitigen Dreiecken, *Würfel* oder *Hexaeder* aus 6 Quadraten, *Oktaeder* aus 8 gleichseitigen Dreiecken, *Dodekaeder* aus 12 regulären Fünfecken, und *Ikosaeder* aus 20 gleichseitigen Dreiecken.

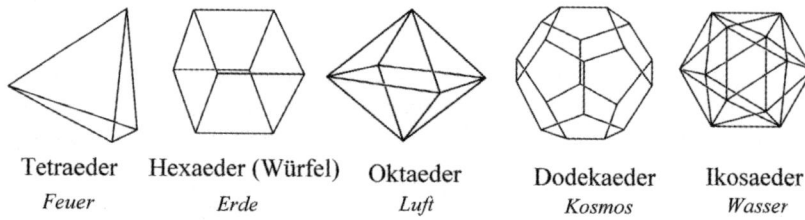

Tetraeder   Hexaeder (Würfel)   Oktaeder   Dodekaeder   Ikosaeder
Feuer   *Erde*   *Luft*   *Kosmos*   *Wasser*

Abb. 52: Die platonischen („kosmischen") Körper.

Nach Proklos waren die fünf platonischen Körper dem Pythagoras bekannt:

„Wie man weiß, war er es auch, der ... die Konstruktion der kosmischen Figuren schuf."

Das sehen heutige Mathematikhistoriker nicht mehr so. Zutreffender dürfte ein Scholion zu Buch XIII der „Elemente" Euklids sein, in dem es heißt:

„In diesem Buch, dem dreizehnten, werden die fünf platonischen Körper konstruiert, die aber nicht von ihm [Platon] stammen, sondern drei der genannten fünf Körper, nämlich Würfel, Tetraeder und Dodekaeder, gehören den Pythagoreern, Oktaeder und Ikosaeder dem Theaitetos. Nach Platon heißen sie, weil dieser sie im „Timaios" erwähnt."

In der Tat basiert das Interesse an diesen Körpern zu einem großen Teil auf dem platonischen Mythos von der Erschaffung der Welt nach mathematischen Gesetzmäßigkeiten, durch die der göttliche Schöpfungsplan der suchenden Vernunft des Menschen zugänglich wird.

„Denn Gottes Wille war es, die Welt dem Schönsten und in jeder Beziehung Vollkommenen unter allem, was die Vernunft sich denken kann, so ähnlich wie möglich zu machen." [Platon, Timaios 30, S. 48]

Im Timaios ordnet Platon den vier Elementen vier der fünf Körper zu, und zwar dem Feuer das Tetraeder, der Luft das Oktaeder, dem Wasser das Ikosaeder und der Erde den Würfel. Das Dodekaeder hat Platon zufolge der Weltschöpfer für den Plan des Ganzen benutzt.

Da das Gewordene aus Feuer und Erde, aus dem Sichtbaren und Fühlbaren gestaltet ist, bedarf es nach Platon eines Bandes, das diese zusammenhält. „Dies aber am besten zu bewirken vermag die Proportion." [Ebd. 32, S. 49] „So stellte denn Gott Wasser und Luft in die Mitte zwischen Feuer und Erde und stellte unter ihnen die Proportion in möglichster Genauigkeit her, so dass, wie sich Feuer zu Luft, so Luft zu Wasser und wie Luft zu Wasser, so Wasser zu Erde verhält. Auf diese Weise formte und fügte er den Weltbau zusammen." [Ebd. S. 49 f]

Diese Zusammenhänge waren zu Platons Zeit nicht neu, sondern hatten bereits eine stabile Tradition. Vermutlich stammte sie aus pythagoreischer Überlieferung, die auch sonst im Spätwerk Platons eine zentrale Rolle spielt.

Luft und Wasser stellt Platon sich als mittlere Proportionale zwischen Feuer und Erde vor:

$$Feuer : Luft = Luft : Wasser = Wasser : Erde.$$

Auf der Seite der Arithmetik drückt sich das so aus: Die körperlichen Dinge Feuer und Erde werden durch Kubikzahlen a^3 und b^3 repräsentiert. Zwischen ihnen gibt es zwei „natürliche" mittlere Proportionale gibt, nämlich a^2b und ab^2 :

$$a^3 : a^2b = a^2b : ab^2 = ab^2 : b^3 .$$

Der Luft entspricht demnach die Zahl a^2b, dem Wasser die Zahl ab^2, und alles wird durch eine stetige Proportion zusammengehalten. Proportionen sind also das Band, das die Welt „im Innersten zusammenhält". Sie begründen ihre Schönheit, ihre Harmonie, ihre intelligible, mit der Vernunft erfassbare Ordnung.

In der geometrischen Folge a^3, a^2b, ab^2, b^3 mit dem Quotienten a/b ist a^2b das geometrische Mittel von a^3 und ab^2, ab^2 das geometrische Mittel von a^2b und b^3. Nimmt man für a^3 und b^3 die ersten Kubikzahlen 8 und 27, so lautet die Proportion

$$8 : 12 = 12 : 18 = 18 : 27,$$

wo jedes der Verhältnisse gleich 2 : 3 ist, also eine Quinte darstellt.

Auf Grund dieser „kosmischen Quint-Essenz" werden die Körper auch „kosmische Körper" genannt, wie wir es bei Proklos in dem obigen Zitat finden.

Für Platon sind die regulären Körper nicht die letzten Bausteine der Welt. Er betrachtet vielmehr ihre Zusammensetzung aus den Flächen, die sie begrenzen. Bei Tetraeder, Oktaeder und Ikosaeder sind das, wie wir wissen, gleichseitige Dreiecke. Diese werden weiter zerlegt in rechtwinklige Dreiecke (durch ein Mittellot). Beim Würfel werden die Quadrate durch die Diagonalen in vier gleichschenklige Dreiecke zerlegt. Aus der vielfältigen Kombinierbarkeit dieser Elementarbausteine setzen sich also die kosmischen Elemente und damit das gesamte Universum zusammen. Im Timaios gibt Platon uns eine Fülle weiterer Details seiner mathematischen Kosmogonie.

Wie dem auch sei, diese Körper und das letzte, das dreizehnte Buch von Euklids „Elementen", in dem sie klassifiziert werden, haben Mathematiker zu allen Zeiten fasziniert und zu weiteren Untersuchungen veranlasst. Aber nicht nur Mathematiker. Künstler der Renaissance (unter ihnen Leonardo da Vinci) haben sich mit ihnen befasst, vor allem im Zusammenhang mit Studien zu der neu aufgekommenen Technik der perspektivischen Malerei. Noch um 1600 n. Chr. hat Johannes Kepler geglaubt, mit ihnen die Geheimnisse des Kosmos aufzudecken; sein Werk *Mysterium Cosmographicum* von 1596 ist diesem Ziel gewidmet, und trotz seiner fundamentalen Arbeiten, die ihn zu den heute so genannten drei Keplerschen Gesetzen über die Bewegung der Planeten geführt haben, hat er nie aufgehört, an dieses sein System zu glauben.

Es wird berichtet, dass Hippasos (um 450 v. Chr.) wegen des Verrats des Geheimnisses der Konstruktion des Dodekaeders und der Entdeckung der Inkommensurabilität – der Körper wird ja aus regelmäßigen Fünfecken gebildet – aus dem pythagoräischen Bunde ausgestoßen worden und im Meere umgekommen sei. Von dem Neupythagoreer Iamblichos (um 300 n. Chr.) wird sein Untergang so gedeutet: Alles Unausgesprochene und Unsichtbare liebt sich zu verbergen. Wenn aber eine Seele einer solchen Gestalt des Lebens begegnet und sie zugänglich und offenbar macht, so wird sie in das Meer des Werdens versetzt und von dessen unstäten Fluten umhergespült.

6.5 Die „klassischen" Probleme und die Möndchen des Hippokrates

Die drei sogenannten klassischen Probleme, die wir im Folgenden besprechen, sind vor allem deshalb von Bedeutung, weil die vergeblichen Bemühungen, sie allein mit Zirkel und Lineal (vgl. Abschnitt 6.3) zu lösen, die weitere Entwicklung der Mathematik auf verschiedenen Gebieten positiv beeinflusst haben.

Die „Quadratverdopplung", das heißt die Konstruktion eines Quadrates, das den doppelten Flächeninhalt eines gegebenen Quadrates hat, ist, wie wir in Abschnitt 6.2 gesehen haben, leicht zu lösen. (Wenn wir im Folgenden von konstruieren sprechen, meinen wir immer Konstruktionen mit Zirkel und Lineal.) Dennoch hat dieses Problem seine Spuren in der Mathematikgeschichte hinterlassen, und zwar nicht nur wegen des berühmten platonischen Dialogs des Sokrates mit dem Diener des Menon, sondern vor allem, weil Seite und Diagonale des Quadrates das einfachste Beispiel inkommensurabler Größen sind. Ein weitere Beobachtung, die uns unmittelbar zum ersten unserer drei klassischen Probleme führt, besteht darin, dass die Konstruktion einer Strecke, nennen wir sie x, für die gilt $x^2 = 2a^2$ offenbar gleichbedeutend ist mit der Konstruktion einer mittleren Proportionale zwischen a und $2a$, das heißt

$$a : x = x : 2a .$$

Die Formulierung geometrischer Aussagen durch Proportionen war für die Griechen das, was für uns die algebraische Formulierung ist und hatte entsprechend hohe Bedeutung. Schon aufgrund der Ähnlichkeit der Begriffe lässt die vorstehende Proportion erwarten oder vermuten, dass sich eine Parallele zur Würfelverdopplung finden lässt.

Bei der Würfelverdopplung geht es, in heutiger mathematischer Ausdrucksweise, darum, aus der Kante a eines gegebenen Würfels die Kante des Würfels mit doppeltem Volumen zu konstruieren. In unserer algebraischen Terminologie bedeutet dies, aus einer gegebenen Strecke der Länge a eine Strecke der Länge x zu finden, für die gilt: $x^3 = 2a^3$.

Eine von mehreren Legenden sagt, die Delier, von einer Plage heimgesucht, hätten vom Orakel, bei dem sie Rat suchten, den Auftrag erhalten, einen ihrer Altäre zu verdoppeln unter Beibehaltung der (würfelförmigen) Gestalt.

Die oben vermutete Parallele zur mittleren Proportionale im Zusammenhang mit der Quadratverdopplung hat Hippokrates gefunden. Er hat gezeigt, dass die Lösung des Problems der Würfelverdopplung gleichbedeutend ist mit der Konstruktion von zwei mittleren Proportionalen zwischen a und $2a$, das heißt von zwei Strecken x, y mit der Eigenschaft

$$(*) \quad a : x = x : y = y : 2a .$$

Geht man nämlich von der Gleichung $x^3 = 2a^3$ aus und setzt $y = x^2 : a$, so gilt $x : y = a : x$ und

$$y : 2a = x^2 : 2a^2 = x^3 : 2a^2 x = 2a^3 : 2a^2 x = a : x ,$$

zusammen also die Proportion (*). Umgekehrt folgen aus (*) unmittelbar die drei Gleichungen

$$(**) \quad x^2 = ay, \ y^2 = 2ax, \ xy = 2a^2 ,$$

und aus diesen zusammen $x^3 = x^2 x = axy = 2a^3$. Also erfüllt x die Bedingung der Würfelverdopplung.

Um 360 v. Chr. betrat Menaichmos, ein Schüler des Eudoxos, die Szene. Er studierte an Platons Akademie Kegelschnitte (vgl. Abschnitt 7.2) und erkannte, dass, wenn x, y mittlere Proportionale zwischen a und $2a$ sind, der Punkt (x,y), wie in Abb. 53 dargestellt, der Schnittpunkt der Parabeln $x^2 = ay$ und $y^2 = 2ax$ und der Hyperbel $xy = 2a^2$ ist. (Natürlich genügen zwei dieser Kurven zur Bestimmung des Schnittpunktes.)

Diese Darstellung ist selbstverständlich nicht die des Menaichmos, die Koordinatengeometrie hat erst mit Descartes im 17. Jahrhundert n. Chr. das Licht der Welt erblickt.

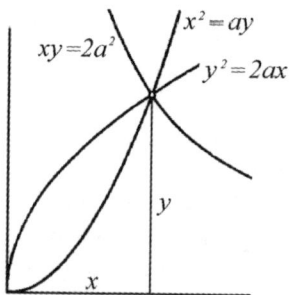

Abb. 53: Würfelverdopplung nach Menaichmos.

Das Problem der Würfelverdopplung wäre also gelöst, wenn man den Schnittpunkt von zwei dieser drei Kurven konstruieren könnte. Nun kann man zwar beliebig viele Punkte der Kurven konstruieren (einzeichnen) und durch eine geschlossene Linie (näherungsweise) verbinden, man erhält dadurch aber nur Näherungswerte für den Schnittpunkt. Das ist nicht die gesuchte Lösung. Hier haben wir nach dem, was wir in den vorangehenden Abschnitten über Platon gesagt haben, ein Beispiel für ein Vorgehen, das nicht in die „wissenschaftliche" Mathematik gehört. Eine solche Lösung entspricht keinesfalls den Anforderungen der Würfelverdopplung oder der Konstruktion der mittleren Proportionalen mit Zirkel und Lineal.

Platon, der sonst stets als Kronzeuge für die Vorrangigkeit von Zirkel und Lineal aufgerufen wird und von den geplagten Deliern um Rat gefragt worden sein soll, wird selbst die Erfindung eines Gerätes zugeschrieben, mit dem zwei mittlere Proportionale zu zwei Strecken a und b gefunden werden können.

Zu diesem Zweck werden a und b auf einem rechtwinkligen Achsenkreuz, wie in Abb. 54 gezeigt, abgetragen, sodann die beiden skizzierten U-förmigen Lineale so gedreht und ineinander verschoben, dass das innere Lineal durch den Endpunkt A von a geht, das äußere Lineal durch den Endpunkt B von b, und dass ferner der Punkt D des inneren Lineals auf der x-Achse und der Punkt C des äußeren Lineals auf der y-Achse liegt. Die so – gewissermaßen mechanisch konstruierten – Strecken x und y erfüllen dann wegen der Ähnlichkeit entsprechender Dreiecke die Proportion $a : x = x : y = y : b$.

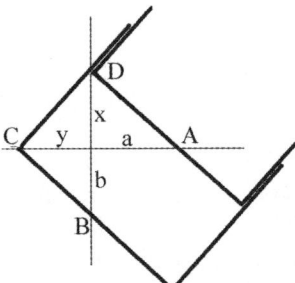

Abb. 54: „Werkzeug" zur Bestimmung von zwei mittleren Proportionalen zwischen a und b .

Weitere Versuche im Umfeld des Problems der Würfelverdopplung sind erfolgt und haben zu weiteren interessanten Fragestellungen und Entdeckungen geführt. Das gleiche gilt für das auf den ersten Blick recht nebensächliche Problem der Winkeldrittelung. Es beweist ebenfalls, dass die Griechen Kurven studiert haben, die nicht mit den üblichen Mitteln (insbesondere nicht mit Zirkel und Lineal) konstruiert werden konnten, sondern durch Bewegungen, also gewissermaßen mechanisch erzeugt wurden. In dem hier zu besprechenden Fall, einen gegebenen Winkel in drei gleich große Winkel zu teilen, handelt es sich um die später sogenannte „Quadratrix" des Hippias von Elis (um 420 v. Chr.). Ihren merkwürdigen Namen erhielt sie auf Grund der Beobachtung des Deinostratos in der Mitte 4. Jahrhundert v. Chr., dass sie auch für die Kreisquadratur verwendet werden kann, was wir gleich sehen werden.

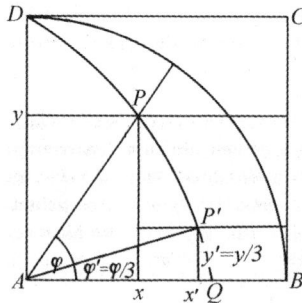

Abb. 55: Die „Quadratrix" des Hippias von Elis.

Die Quadratrix ist (punktweise) wie folgt definiert: Man geht aus von einem Quadrat A, B, C, D. Der Einfachheit halber setzen wir für die Seite $AB = 1$. Die Seite CD bewege sich parallel mit konstanter Geschwindigkeit nach unten, die Seite AD drehe sich mit konstanter Winkelgeschwindigkeit um den Punkt A, so dass beide Seiten am Ende gleichzeitig mit AB zusammenfallen. Die Schnittpunkte der sich bewegenden Seiten in jedem Moment der Bewegung (in der Abbildung zum Beispiel P) ergeben dann die Kurve DPQ, wobei allerdings – und das ist wichtig – Q kein Schnittpunkt ist, sondern nur mit Hilfe des Zeichenstiftes extrapoliert werden kann.

Diese Konstruktion ist so gemacht, dass für jeden Punkt P die Ordinate y proportional zum Winkel φ ist: $\varphi = cy$ mit einer Konstanten c. Ist nun ein weiterer Punkt P' mit der Ordinate y' und dem Winkel φ'

gegeben, so gilt also $\varphi : \varphi' = y : y'$, und folglich $\varphi' = \frac{y'}{y}\varphi$. Für $y' = \frac{1}{3}y$ ist also insbesondere $\varphi' = \frac{1}{3}\varphi$. Ist nun φ – und damit auch y – vorgegeben, so teilt man y mit Zirkel und Lineal in drei gleiche Teile (was stets möglich ist) und erhält daraus den Winkel $\frac{\varphi}{3}$.

Auch für die Winkeldrittelung gibt es eine Reihe weiterer Konstruktionsverfahren. Wir erwähnen die folgende, die Gebrauch von einer Methode macht, die der Konstruktion mit Zirkel und Lineal vielleicht am nächsten kommt. Sie wurde bereits von Hippokrates von Chios im 5. Jahrhundert v. Chr. benutzt und in der Folge auch von anderen, zu denen auch Archimedes gehört. Es handelt sich um die sogenannte *Neusis*-Konstruktion oder „Konstruktion durch Einschiebung".

Als Konstruktionswerkzeug wird dabei ein Lineal benutzt, auf dem die Endpunkte einer gegebenen Strecke markiert sind. Diese Punkte sollen – durch geeignete Verschiebung des Lineals – auf zwei gegebenen Geraden so gefunden werden, dass das Lineal durch einen ebenfalls vorgegebenen Punkt P geht (vgl. Abb. 56 links).

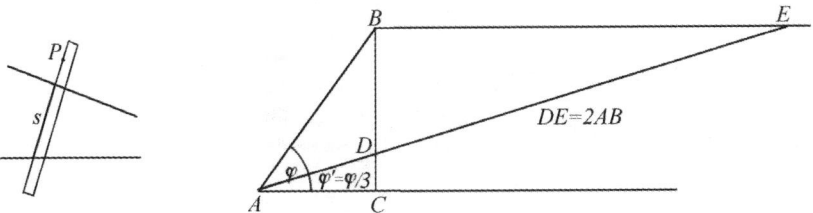

Abb. 56: Prinzip der *Neusis*-Konstruktion (links) und Anwendung auf Winkeldrittelung (rechts).

Die Drittelung eines Winkels φ mit Scheitelpunkt A durch Einschiebung geht nun wie folgt vonstatten (Abb. 56 rechts): Man fälle von einem beliebigen Punkt B eines Schenkels von φ das Lot auf den anderen Schenkel; der Fußpunkt sei C. Man zeichne die Parallele zu AC durch B. Nun markiere man auf einem Lineal die Strecke $2AB$ und durch Einschiebung des Lineals durch A markiere man E auf der Parallelen so, dass $DE = 2AB$. Dann ist der Winkel CAD gleich einem Drittel des Winkels CAB.

Ungleich schwieriger – und wichtiger – als die bisher behandelten Probleme ist das dritte der drei klassischen Probleme, nämlich die Kreisquadratur. Die Unmöglichkeit der Durchführung (wir meinen natürlich allein mit Zirkel und Lineal) ist auch bei solchen Zeitgenossen zu einem geflügelten Wort geworden, die sich sonst gern mit Stolz als mathematisch ungebildet apostrophieren.

Genau gesagt handelt es sich darum, zu einer Strecke r eine Strecke s zu konstruieren, so dass der Kreis mit dem Radius r und das Quadrat über s den gleichen Flächeninhalt haben.

In unserer Terminologie ist s bestimmt durch $s = r\sqrt{\pi}$ oder, gleichbedeutend hiermit, $s^2 : r^2 = \pi$. Demnach ist s genau dann (aus r) konstruierbar, wenn π konstruierbar ist. Die zahlreichen Versuche der Griechen und aller späteren „Kreisquadrierer" (von denen es auch heute noch viele gibt) waren zum Scheitern verurteilt.

Ein erster fruchtbarer, wenn auch, wie erwähnt, nicht zum Ziel führender Versuch war der der Möndchenquadratur des Hippokrates von Chios, von der wir hier den einfachsten Fall erläutern.

Ausgangspunkt ist ein gleichschenklig rechtwinkliges Dreieck D (Abb. 57). Man zeichnet einen Halbkreis K über der Hypotenuse a (der Satz des Thales ist bekannt) und einen Halbkreis k über einer Kathete b. Auf diese Weise entsteht das in der Abbildung grau gefärbte Möndchen M.

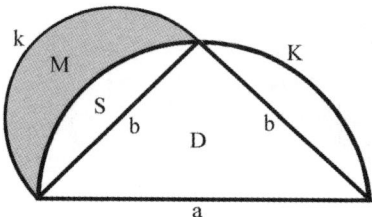

Abb. 57: Zur Möndchenquadratur des Hippokrates.

Hippokrates zeigt nun, dass die Fläche dieses Möndchens gleich der Hälfte der Fläche des Dreiecks D ist.

Dazu benutzt er den Satz (der auch im nächsten Abschnitt noch eine wichtige Rolle spielen wird), dass Kreisflächen sich zueinander verhalten wie die Quadrate über ihren Durchmessern (das gilt dann selbstverständlich auch für Halbkreise, deren Flächen wir ebenfalls mit K, k bezeichnen). Demnach gilt $K : k = a^2 : b^2$. Nach dem pythagoreischen Lehrsatz, der also Hippokrates bekannt gewesen sein muss, ist $a^2 = 2b^2$ und folglich $K = 2k$. Ferner ist $D + 2S = K = 2k = 2(M + S)$, also $M = \frac{1}{2} D$. Das Dreieck D wird durch die Höhe auf seine Hypotenuse halbiert, und jedes dieser beiden Teildreiecke kann (mit Zirkel und Lineal) quadriert werden. Damit ist gezeigt, dass das Möndchen quadriert werden kann.

Wenn auch auf diesem Wege die Kreisquadratur nicht gelingen konnte, so wurden hier doch zum ersten Mal durch Kreisbögen begrenzte Flächen quadriert.

Eine „mechanische" Lösung der Kreisquadratur bietet die oben besprochene Quadratrix (woher sie ihren Namen hat). Es gilt nämlich – in unserer Terminologie –, dass die Strecke AQ die Länge $2/\pi$ hat. Allerdings liegt genau hier das Problem: Der Punkt Q kann nicht konstruiert werden, er ist kein Punkt der Quadratrix; denn, wie oben bemerkt, wenn die Seite CD mit AB zusammenfällt, fällt definitionsgemäß auch die Seite AD mit AB zusammen, und folglich gibt es keinen Schnittpunkt.

Der naheliegende Ansatz, den Kreis durch einbeschriebene reguläre Vielecke – dass diese quadrierbar sind, wusste man – „auszuschöpfen" (wir erläutern das im nächsten Abschnitt genauer), fand bereits im 5. Jahrhundert v. Chr. Anhänger. Uneins war man sich aber darin, ob der Kreis durch Vielecke tatsächlich präzise, und nicht nur näherungsweise „ausgeschöpft" werden konnte. Einige, wie der Sophist Antiphon im 5./4. Jahrhundert v. Chr. und sein Zeitgenosse Bryson meinten, dass bei hinreichend großer Eckenzahl das Vieleck mit dem Kreis übereinstimmen müsse. Das lehnten die strengen Geometer ab. Aristoteles spöttelt sogar über solche Ansichten, die er rundheraus ablehnt mit dem Hinweis, darüber zu diskutieren lohne sich nicht, da hierbei die elementarsten geometrischen Grundsätze verletzt würden.

Schließlich weisen wir noch darauf hin, dass die Kreisquadratur äquivalent zur Rektifikation (Ausstreckung) des Kreisumfangs ist, das heißt der Konstruktion einer Strecke, welche die gleiche Länge hat wie der Kreisumfang.

Der Flächeninhalt eines Kreises mit dem Umfang u und dem Radius r ist gleich $\frac{1}{2} u \cdot r$, also gleich dem Inhalt des Dreiecks mit der Grundlinie u und der Höhe r. Dreiecke sind aber leicht zu quadrieren. Archimedes hat gezeigt, wie der Kreis in eine geradlinig begrenzte Figur umgewandelt werden kann (was nach unserer Formelschreibweise, nicht aber für Archimedes, trivial ist), für die konstruktive Lösung des Problems der Kreisquadratur ist es aber nicht von Bedeutung. Der Kreis ist nämlich dann und nur dann quadrierbar, wenn das Dreieck quadrierbar, und das heißt, wenn u konstruierbar ist; das ist aber, wie oben bemerkt, nicht der Fall.

Den Beweis der vorstehenden Aussage hat Archimedes mit der Exhaustionsmethode geführt, die wir im folgenden Abschnitt behandeln.

6.6 *Exhaurire* – Wie berechnet man krummlinig begrenzte Flächen?

Nach den früher besprochenen Leistungen des Eudoxos, insbesondere die allgemeine, auch auf inkommensurable Größen anwendbare Proportionenlehre, wenden wir uns jetzt der zweiten und noch bedeutenderen Entdeckung dieses Mathematikers zu, durch die er sich unsterblichen Ruhm erworben hat: die Exhaustionsmethode.

Wir erläutern dieses Verfahren an einem Beispiel, das in Buch XII, §2 der „Elemente" Euklids folgendermaßen lautet: *Kreise verhalten sich zueinander wie die Quadrate über ihren Durchmessern.*

Wir bezeichnen mit K und K' die beiden Kreise, mit F und F' ihre Flächeninhalte und mit r, r' ihre Radien. Es soll also gezeigt werden, dass

$$F : F' = r^2 : r'^2$$

gilt. Der Beweis dieser Aussage beruht auf den folgenden beiden Voraussetzungen:

1. „Ähnliche Vielecke in Kreisen verhalten sich zueinander wie die Quadrate über ihren Durchmessern" [Euklid XII,1] und

2. „Nimmt man bei Vorliegen zweier vergleichbarer Größen von der größeren mehr als die Hälfte weg und vom Rest wieder mehr als die Hälfte usf., so wird [nach endlich vielen Schritten!] der Rest einmal kleiner als die kleinere der vorgegebenen Größen." [Ebd. X.1]

Wir führen den Beweis sinngemäß und in unserer heutigen Terminologie. Dabei kommt es weniger auf jeden Einzelschritt an, als vielmehr auf die Prinzipien, die dieser wunderbaren Methode zugrunde liegen.

Der Beweis verläuft indirekt (!): Angenommen, die Behauptung sei falsch. Wir setzen also jetzt voraus, dass gilt:

$$(1) \quad F : F' \neq r^2 : r'^2 .$$

Nun wählen wir eine Fläche vom Inhalt H, so dass

$$(2) \quad H : F' = r^2 : r'^2 .$$

(Wie das geht, darüber schweigen unsere Quellen.) Nun sind zwei Fälle möglich, nämlich

$$(a)\ H < F , \quad (b)\ H > F.$$

Wir zeigen, dass (a) zu einem Widerspruch führt. Ein analoger Schluss, den wir hier nicht ausführen, ergibt auch im Fall (b) einen Widerspruch. Damit ist dann bewiesen, dass die Annahme (1) falsch, die zu beweisende Behauptung also richtig ist.

Nun kommt das eigentliche Exhaustionsverfahren.

Dem Kreis K wird ein Quadrat einbeschrieben. Dessen Fläche P_1 wird aus dem Kreis K „herausgeschöpft". Man überzeugt sich davon (was wir hier nicht ausführen), dass für die Restfläche $F - P_1$ gilt

$$F - P_1 < \tfrac{1}{2}\, F.$$

Im zweiten Schritt wird zwischen Kreis und Quadrat ein regelmäßiges Achteck einbeschrieben, sein Flächeninhalt sei P_2. Nimmt man dessen Fläche von der Kreisfläche weg, so bleibt als Rest $F - P_2$, und man überzeugt sich wieder davon, dass

$$F - P_2 < \tfrac{1}{2}\, (F - P_1).$$

Wir denken uns dieses Verfahren Schritt für Schritt mit einem regelmäßigen 16-Eck, 32-Eck usw. fortgesetzt, indem die Eckenzahl des zuletzt konstruierten Vielecks verdoppelt wird. Auf diese Weise entsteht eine Folge von regelmäßigen Vielecken mit den Flächeninhalten P_m, $m = 1, 2, 3, \ldots$ (mit 2^{m+1} Ecken). Nehmen wir diese nach und nach alle aus dem Kreis heraus, so erhalten wir die Folge der Restflächen $F - P_m$, $m = 1, 2, 3, \ldots$, für die gilt:

$$F - P_m < \tfrac{1}{2}\, (F - P_{m-1}), \; m = 1, 2, 3, \ldots \text{ (mit } P_0 = 0\text{).}$$

Dies ist der Punkt, in dem wir die Voraussetzung (2) ansetzen können. Danach gibt es nämlich zu jeder positiven Größe, also auch zu $F - H$ (beachte die Annahme (a)), eine natürliche Zahl n derart, dass $F - P_n < F - H$, was gleichbedeutend ist mit

$$(3)\; P_n > H.$$

Es sei nun ein in K' einbeschriebenes regelmäßiges n-Eck gegeben, sein Flächeninhalt sei P_n'. Es ist also

$$(4)\; P_n' < F', \text{ und wegen (3) auch } P_n : P_n' > H : P_n'$$

Nach Voraussetzung (2) gilt

$$(5)\; P_n : P_n' = r^2 : r'^2.$$

Aus (2), (5) und (3) folgt nun $H : F' = r^2 : r'^2 = P_n : P'_n > H : P'_n$. Die beiden äußeren Terme ergeben $F' < P'_n$, im Widerspruch zu (4). Damit hat die Annahme (a) zu einem Widerspruch geführt. Wenn wir auch noch im Fall (b) einen Widerspruch herleiten (was wir, wie oben gesagt, hier nicht durchführen), so ist gezeigt, dass auch dieser Fall nicht eintreten kann. Damit ist dann die eingangs gemachte Annahme

$$K : K' \neq r^2 : r'^2$$

ad absurdum geführt und somit der Satz bewiesen.

Eine Bemerkung am Rande: Wählt man für K' den Kreis mit Radius $r' = 1$ und bezeichnet dessen Flächeninhalt mit $\tilde{\pi}$, so gilt $F = \tilde{\pi} r^2$. Insbesondere sieht man hier, dass jede Kreisfläche proportional zum Quadrat ihres Radius ist mit einem konstanten (vom Radius unabhängigen) Proportionalitätsfaktor, der gleich dem Flächeninhalt des Einheitskreises ist.

Wir weisen (zum wiederholten Male) darauf hin, dass bei diesem Beweis für die Eckenzahl n der einbeschriebenen n-Ecke kein Grenzübergang gegen Unendlich gemacht wird. Typisch für die Beweismethode ist stattdessen der zweifache Widerspruchsbeweis innerhalb des indirekten Beweises; die Methode bleibt vollständig im Endlichen.

Die Bezeichnung „Exhaustionsmethode" stammt aus dem 17. Jahrhundert n. Chr. und ist oft als irreführend bezeichnet worden. Das lateinische Wort *exhaurire* bedeutet ausschöpfen, herausschöpfen. Der Beweis hat gezeigt, dass „ausschöpfen" den Sachverhalt nicht wirklich trifft, „herausschöpfen" der Sache aber nahe kommt. Wie dem auch sei, der Ausdruck hat sich inzwischen in der Literatur einen festen Platz erworben.

Um die Leistung des Eudoxos zu würdigen, sollte man sich daran erinnern, wie Demokrit einige Generationen vor Eudoxos und andere Atomisten meinten, beliebige geometrische Figuren durch geradlinig begrenzte Teile präzise „ausschöpfen" zu können, da jede Figur aus endlich vielen unteilbaren „Atomen" bestehe. Und der Sophist Antiphon glaubte, wie im vorigen Abschnitt erwähnt, die Kreislinie mit einem Polygon identifizieren zu können, welches zwar sehr viele, aber doch endlich viele Ecken hat.

Archimedes hat über hundert Jahre nach Eudoxos diese Methode meisterhaft angewandt und weitergeführt, um den Flächeninhalt verschiedener „krummlinig" begrenzter Figuren zu bestimmen. Dabei war jedes Mal ein neuer Einfall nötig, um die jeweilige Annahme zu einem Widerspruch zu führen. Eine einheitliche Methode ist erst im 17. Jahrhundert durch die Integral- und Differenzialrechnung geschaffen worden, nachdem man die Angst der Griechen vor infinitesimalen Schlüssen überwunden hatte. Das war alles andere als ein leichter Erkenntnisprozess! Dabei ist die obige Voraussetzung 2 das eigentliche Fundament der gesamten heutigen Infinitesimalmathematik.

Es ist nach dem oben durchgeführten Exhaustionsverfahren naheliegend, den Flächeninhalt oder den Umfang eines Kreises und damit die Zahl π direkt durch die Flächeninhalte bzw. die Umfänge der einbeschriebenen regelmäßigen Vielecke näherungsweise zu berechnen. Archimedes hat das für den Umfang tatsächlich durchgeführt, beginnend mit einem Sechseck (anstelle eines Quadrates) und durch Verdoppeln der Eckenzahl bis zum 96-Eck. Außerdem hat er die Umfänge der entsprechenden umbeschriebenen Vielecke berechnet und erhielt die Schranken

$$3\frac{10}{71} < \pi < 3\frac{10}{70}.$$

7. Alexandria – Glanz und Elend der griechischen Mathematik

7.1 Ein Lehrbuch für Jahrtausende – Die „Elemente" Euklids

Wir wenden uns einem Werk zu, das so erfolgreich wurde, dass es trotz seiner überaus komplizierten Überlieferungsgeschichte über 2000 Jahre *das* Standardlehrbuch der Geometrie war und alle Vorläufer dieses Genres verdrängt hat: die „Elemente" des Euklid. Gleichzeitig wenden wir unseren Blick weg vom Mutterland der Hellenen mit seinen Kolonien in eine neue Region und eine ganz neue Kulturepoche, Alexandria im Nildelta und den Hellenismus. Nachdem wir bereits in Abschnitt 4.1 einen Abriss der allgemeinhistorischen Grundlagen dieser Epoche gegeben haben, beschränken wir uns jetzt auf einige Punkte, die für die neue wissenschaftliche Situation charakteristisch sind.

Alexandria wurde 332–330 v. Chr. durch Alexander den Großen gegründet. Im Bericht eines Reiseschriftstellers heißt es:

„Die ganze Stadt wird von Straßen durchschnitten, die Platz für Reiter und Wagen bieten. Zwei sind besonders geräumig und von einer Breite, die man sonst in keiner Stadt findet. Alle Straßen schneiden sich im rechten Winkel. Die Stadt besitzt sehr schöne öffentliche Bezirke, unter denen der Bezirk der Königspaläste hervorragt; er macht fast ein Drittel des ganzen Stadtgebietes aus. Zum Palastviertel gehört auch das Museion mit seinen Wandelhallen und dem Speisesaal für die Gelehrten."

Fünfundsiebzig Jahre nach Gründung soll Alexandria 800000, im Jahre 1 n. Chr. sogar eine Million Einwohner gehabt haben. Die Stadt wurde zum kulturellen und geistigen Zentrum der bekannten Welt.

Die eigentliche Ursache des kulturellen Aufstiegs Alexandrias war das *Museion,* eine Art Universität oder Akademie. Gegründet unter Ptolemaios I., dem Nachfolger Alexanders in Ägypten, diente es der Forschung und Lehre und der Repräsentation der Herrscher. Das Museion beinhaltete Hörsäle, Arbeitsräume, Speisezimmer, Gästezimmer, eine Sternwarte, einen botanischen und zoologischen Garten und eine gewaltige Bibliothek.

Auf 700000 bis eine Million Papyrusrollen enthielt diese Bibliothek das wissenschaftliche und schöngeistige Werk der damals bekannten Welt. Aber die Sammlung war nicht von Dauer. Sie fiel in mehreren Etappen dem Feuer zum Opfer. Ein Hauptteil verbrannte 47 v. Chr. bei Auseinandersetzungen zwischen Julius Caesar und den Ptolemaiern, ein kleinerer Außenbestand von ca. 43000 Rollen in einem Serapis-Tempel wurde um 390 n. Chr. niedergebrannt.

Mehr als ein halbes Jahrhundert haben alle bedeutenden Gelehrten der griechischen Welt am Museion gewirkt, mit hoher Wahrscheinlichkeit war Euklid einer der ersten. Über seine Person und sein Leben gibt es außer Legenden keine sicheren Zeugnisse. Er dürfte aus den berühmten athenischen Philosophenschulen, der Schule Platons und der des Aristoteles, hervorgegangen sein. Euklid steht also noch in den Fußstapfen der klassischen Zeit, hat aber neben den „Elementen" Arbeiten in angewandter Mathematik betrieben, unter anderem in der mathematischen Optik.

In der Mathematik stehen für das erste Jahrhundert dieser neuen Zeit, in der sich mit der griechische Kultur als Ganzes auch die Mathematik veränderte, außer Euklid die großen Namen Archimedes und Apollonius. Diese verkörpern auch den Wandel. Alle drei, vor allem aber die beiden letztgenannten, knüpften an die mathematischen Erkenntnisse ihrer Vorgänger an, blieben aber nicht dabei stehen und waren frei vom Zwang der Dogmen der Athener Akademie. Es bahnte sich eine Synthese von „reiner" und „angewandter" Mathematik an. Archimedes weitete seine Arbeit auf breiter mathematisch-naturwissenschaftlich-technischer Basis aus, Apollonius zog es in die mathematische Astronomie. Mit beiden werden wir uns in den nächsten Abschnitten eingehender beschäftigen, zunächst wenden wir uns dem auch zeitlich vorangehenden Euklid zu.

Außer den „Elementen" sind von den übrigen Schriften Euklids nur einige erhalten. Am wichtigsten davon sind die „Data" (Gegebenheiten), deren Sätze sich auf Konstruktionsaufgaben beziehen, eine Ergänzung zu den „Elementen". Von anderen wissen wir entweder nichts Sicheres (wie von den „Porismen", „Kegelschnitten" und „Trugschlüssen"), oder es gehört zur angewandten Mathematik (Astronomie, Musiktheorie, Optik, Mechanik); wir können daher auch kaum beurteilen, was und wie viel er selbst beigetragen hat.

Alles was wir heute über Euklids „Elemente" wissen, stammt aus Kopien, die in beträchtlicher Anzahl – meistens aber unvollständig – überliefert worden sind. Der älteste heute bekannte vollständige Text ist byzantinischen Ursprungs und stammt aus dem 10. Jahrhundert n. Chr. Da aber auch dieser Text nur eine Abschrift ist, ist uns kein Original der „Elemente" erhalten geblieben.

Um 370 n. Chr. bearbeitete Theon von Alexandria die „Elemente". Da er in einer seiner Schriften auf einen Einschub in Buch VI verweist, weiß man, dass alle bis zum Beginn des 19. Jahrhundert bekannt gewordenen griechischen, arabischen und lateinischen Textfassungen der „Elemente" auf die von Theon redigierte Fassung zurückgehen, da sie alle diesen Einschub enthalten.

Um die Mitte des 9. Jahrhunderts n. Chr. ließ der in Konstantinopel wirkende griechische Philosoph und Mathematiker Leon Abschriften von Manuskripten machen, die in einer Bibliothek auf der Insel Andros in der Ägäis gefunden worden waren. Aus dieser Zeit stammen auch die ältesten Abschriften der „Elemente", die sich auf die Überarbeitung des Theon beziehen. Sie sind aus dem Jahre 888 n. Chr. und befinden sich jetzt in Oxford.

Erst 1808 fand Francois Peyrard (1760–1822), Bibliothekar der Pariser École Polytechnique, in alten Manuskripten, die aus der vatikanischen Bibliothek während des napoleonischen Feldzuges gegen Italien nach Frankreich gebracht worden waren, ein Pergamentmanuskript der „Elemente", das den Zusatz von Theon nicht enthält. Von da an war diese Version für alle späteren Redaktionen maßgeblich.

Heute ist die Ausgabe des dänischen Philologen Johannes Ludwig Heiberg maßgebend, die zwischen 1883 und 1888 griechisch und lateinisch in Kopenhagen erschien. Sie ist von Clemens Thaer ins Deutsche übersetzt worden und 1933 bis 1937 erschienen. Eine neue Ausgabe ist in 2. Auflage 1962 in der Wissenschaftlichen Buchgesellschaft Darmstadt erschienen.

Betrachten wir Aufbau und Inhalt des Werkes in groben Zügen. Wir legen dafür die soeben genannte Ausgabe von 1962 zugrunde: Die „Elemente" bestehen aus 13 Büchern. (Wir würden heute sagen: Kapiteln. In der Thaersche Ausgabe sind es 410 Seiten.) Der griechische Titel *Stoicheia* (στοιχεια) bedeutet zunächst Reihenglieder, Buchstaben, dann übertragen Grundbestandteile, aus denen sich Zusammengesetztes aufbaut. Euklid hat den Versuch unternommen, die überkommene Mathematik systematisch zu ordnen, was in erster Linie bedeutet, sie auf eine sichere Grundlage zu stellen. Wenn auch die früheren Werke verloren sind, scheint es doch sicher, dass sie in die „Elemente" Euklids eingeflossen sind. Der wichtigste Zeuge ist auch hier wieder der Neuplatoniker Proklos. In seinem Kommentar zum ersten Buch der „Elemente" heißt es:

„Nicht viel jünger als diese [Mathematiker] ist Euklid, der die ,Elemente' verfasste, wobei er vieles, was von Eudoxos herrührte, in zusammenhängende Ordnung brachte, vieles, was Theaitetos begonnen hatte, vollendete und außerdem manches, was früher ohne rechte Strenge bewiesen worden war, auf unantastbare Beweise zurückführte. Und dieser Mann lebte unter Ptolemaios I.; denn Archimedes, dessen Lebenszeit sich an die des ersten Ptolemaios anschließt, erwähnt Euklid, und zwar berichtet er: Ptolemaios fragte einmal den Euklid, ob es keinen bequemeren Weg zur Geometrie gebe als die „Elemente", und jener antwortete, einen Königsweg zur Geometrie gebe es nicht. Euklid ist also jünger als die Schüler des Platon und älter als Eratosthenes und Archimedes, welche Zeitgenossen waren." [Proklus, S. 213]

Die „Elemente" sind also keine Zusammenfassung des gesamten mathematischen Wissens seiner Vorgänger; weite und wichtige Bereiche wie die Lehre von den Kegelschnitten werden nicht berührt. Außerdem gibt es – und in diesem Punkte scheinen sich Euklid und Platon zu begegnen – an Konstruktionen nur solche mit Zirkel und Lineal, also auch keine *Neusis*-Konstruktionen (vgl. Abschnitte 6.3 und 6.5). Aber auf den „Elementen" haben alle Nachfolger aufgebaut.

Der gesamte Inhalt des Werkes, das sind die Lehrsätze, Hilfssätze und Konstruktionsaufgaben, basieren auf den Bausteinen Axiome, Postulate und Definitionen.

Mit den Definitionen will Euklid keine neuen Begriffe einführen, sondern – und hierin offenbart sich wieder der Platoniker – zwecks sprachlicher Übereinkunft dasjenige mit einem Namen versehen, was ohnehin existiert. Von den 23 Definitionen des ersten Buches (bei den übrigen Büchern werden meistens weitere Definitionen gegeben) nennen wir, um einen Eindruck davon zu vermitteln, beispielsweise:

„1. Ein Punkt ist, was keine Teile hat. – 2. Eine Linie ist breitenlose Länge. – 5. Eine Fläche ist, was nur Länge und Breite hat. – 8. Ein ebener Winkel ist die Neigung zweier Linien in einer Ebene gegeneinander, die einander treffen, ohne einander gerade fortzusetzen. – 10. Wenn eine gerade Linie, auf eine gerade Linie gestellt, einander gleiche Nebenwinkel bildet, dann ist jeder der beiden gleichen Winkel ein Rechter ... –

15. Ein Kreis ist eine ebene, von einer einzigen Linie umfasste Figur mit der Eigenschaft, dass alle von einem innerhalb der Figur gelegenen Punkte bis zur Linie laufenden Strecken einander gleich sind. – 23. Parallel sind gerade Linien, die in derselben Ebene liegen und dabei, wenn man sie nach beiden Seiten ins unendliche verlängert, auf keiner einander treffen."

Wer nicht weiß, was ein Punkt, eine Gerade, eine Fläche ist, ist nach diesen Definitionen auch nicht klüger. Euklid ist sich dessen wohl auch bewusst, denn er benutzt sie nicht weiter.

Axiome sind in den „Elementen" allgemeine logische Grundsätze, die über die Mathematik hinausreichen, und von denen angenommen wird, dass sie von niemanden bezweifelt werden, auch wenn er kein Mathematiker ist, zum Beispiel (von insgesamt neun):

„Was demselben gleich ist, ist auch einander gleich. Wenn Gleichem Gleiches hinzugefügt wird, sind die Ganzen gleich. Das Ganze ist größer als der Teil."

Die Postulate dagegen sind spezielle geometrische Forderungen, geometrische „Grundsätze", die – selbst unbewiesen – alle weiteren Aussagen (im Verein mit den Axiomen) beweisbar, das heißt, logisch auf diese zurückführbar machen. Sie lauten:

„Gefordert soll sein: 1. Dass man von jedem Punkt nach jedem Punkt die Strecke ziehen kann. – 2. Dass man eine begrenzte gerade Linie zusammenhängend gerade verlängern kann. – 3. Dass man mit jedem Mittelpunkt und Abstand den Kreis zeichnen kann. – 4. Dass alle rechten Winkel einander gleich sind. – 5. Und dass, wenn eine gerade Linie beim Schnitt mit zwei geraden Linien bewirkt, dass innen auf derselben Seite entstehende Winkel zusammen kleiner als zwei Rechte werden, dann die zwei geraden Linien bei Verlängerung ins unendliche sich treffen auf der Seite, auf der die Winkel liegen, die zusammen kleiner als zwei Rechte sind."

Die Postulate 1 bis 4 sind elementar und ohne weiteres als „Grundsätze" plausibel und daher akzeptabel. Das kann von Postulat 5, dem sogenannten „Parallelenpostulat" nicht ohne weiteres gesagt werden. Schon Proklos wollte es unter die zu beweisenden Sätze eingereiht wissen, und tatsächlich ist dies fast 2000 Jahre lang versucht worden, meistens unter Hinzunahme eines oder mehrerer Postulate, die ähnlich akzeptabel sein sollten wie 1 bis 4. Alle Versuche scheiterten, bis schließlich im ausgehenden 18. und beginnenden 19. Jahrhundert gezeigt wurde (unter anderem von Gauß), dass auch widerspruchsfreie „Nichteuklidische Geometrien" existieren, die also das Parallelenpostulat nicht erfüllen. Zum Inhalt müssen wir uns auf einige Stichworte beschränken. Die Bücher I bis VI behandeln Probleme der ebenen Geometrie. Buch I ist vorwiegend der Dreieckslehre gewidmet und endet mit dem pythagoreischen Lehrsatz und seiner Umkehrung, Buch II der geometrischen Algebra, Buch III der Kreislehre, Buch IV den regelmäßigen Vielecken. – Soweit handelt es sich um Kenntnisse aus der ionischen Periode um Thales und die Pythagoreer.

Buch V bringt die Ausdehnung der Proportionenlehre auf beliebige, also auch inkommensurable Größen nach Eudoxos (vgl. Abschnitt 5.5). Buch VI behandelt Anwendungen, die Ähnlichkeitslehre und Flächenanlegungen (vgl. Abschnitt 5.2).

Die Bücher VII bis IX sind der elementaren Zahlentheorie gewidmet. Neben dem Studium von Zahlenverhältnissen und Teilbarkeit (größter gemeinsamer Teiler) sind besonders die Primzahlsätze hervorzuheben, die noch heute das Fundament der Zahlentheorie bilden: Wenn eine Primzahl ein Produkt teilt, so teilt es einen der Faktoren (VII, 30); jede natürliche Zahl wird von einer Primzahl geteilt (VII, 32). Ferner:

„Die kleinste Zahl, die von gewissen Primzahlen gemessen wird, lässt sich durch keine andere Primzahlen messen außer den ursprünglich messenden." (IX, 14)
„Es gibt mehr Primzahlen als jede vorgelegte Anzahl von Primzahlen." (IX, 20)

Berühmt geworden ist insbesondere der letzte Satz, der in unserer Terminologie sagt: Es gibt unendlich viele Primzahlen. Hier wird das Wort „unendlich" bewusst vermieden, und der Beweis ist genial einfach: Angenommen, es gibt nur endlich viele Primzahlen, etwa $p_1,\ldots,p_n$. Die Zahl $b = p_1 \cdots p_n + 1$ ist von $p_1,\ldots,p_n$ verschieden, also keine Primzahl. Da jede Zahl einen Primteiler besitzt, wird b von einer der Primzahlen $p_1,\ldots,p_n$ geteilt. Der erste Summand $p_1 \cdots p_n$ wird ebenfalls von dieser Primzahl geteilt, also auch $1 = p_1 \cdots p_n - b$, und das ist ein Widerspruch (Primzahlen sind größer als 1).

Buch X ist das schwierigste und längste von allen; es geht mit großer Wahrscheinlichkeit auf Untersuchungen des Theaitetos über irrationale Größen zurück. Darunter verstand man zur Zeit Euklids hauptsächlich Wurzelausdrücke der Gestalt $\sqrt{\sqrt{a} \pm \sqrt{b}}$. Es ist in seiner Anlage stark auf Buch XIII bezogen, welches seinerseits Buch X voraussetzt. Theaitetos war einer der tüchtigsten Mathematiker vor Archimedes. Über sein Leben ist fast nichts bekannt. Er lebte – aber auch das ist unsicher – von 415 bis 369 v. Chr., war ein Freund Platons (427–347 v. Chr.) und Mitglied der Akademie.

Die Bücher XI bis XIII befassen sich ganz überwiegend mit Stereometrie, das heißt mit räumlicher Geometrie, also mit Körpern. Während die ebene Geometrie von den Griechen ziemlich erschöpfend behandelt worden ist, gilt dies – was auch Platon kritisiert – nicht für die Stereometrie. Von umso größerer Bedeutung ist das letzte, das XIII. Buch, in dem (unter anderem) die platonischen Körper bearbeitet werden; als Urheber gilt auch hier Theaitetos. Es kann gut sein, dass Platon wegen der großen Bedeutung, die er den fünf Körpern in seiner Kosmologie zumaß, den Theaitetos zu dieser Arbeit inspiriert hat (vgl. Abschnitt 6.4).

Dabei werden die fünf Körper nicht nur – und das ist besonders wichtig – wie sonst üblich auf einzelne Eigenschaften hin untersucht, vielmehr wird bewiesen, dass es andere als die angegebenen fünf nicht gibt und diese fünf werden auch tatsächlich konstruiert (was wir heute einen Existenzbeweis nennen). Der schwierigere Teil, nämlich die Konstruktion aller fünf Körper, wird, wie gesagt, dem Theaitetos zugeschrieben, der auch das Oktaeder und das Ikosaeder entdeckt haben soll.

Der Beweis, dass es nicht mehr als die angegebenen fünf geben kann, ist der leichtere Teil und war vielleicht schon lange vor Platon Gemeingut; es ist der Inhalt des letzten Satzes der „Elemente":

„Weiter behaupte ich, dass sich außer den besprochenen fünf Körpern kein weiterer Körper errichten lässt, der von einander gleichen gleichseitigen und gleichwinkligen Figuren umfasst würde."

Insgesamt ist wohl zum ersten Mal in der Mathematikgeschichte das ausgeführt, was wir heute eine Klassifikation nennen, in diesem Fall die vollständige Bestimmung aller platonischen Körper.

7.2 Ein Lehrbuch für Kenner – Die *Conica* des Apollonius

Bis zur Mitte des 4. Jahrhundert v. Chr. haben sich die Griechen nur gelegentlich und aus bestimmten Anlässen mit Kurven befasst, den Kreis natürlich ausgenommen. Ein Beispiel ist die Quadratrix, die anlässlich der Winkeldreiteilung erfunden wurde, ein weiteres, ungleich wichtigeres, mit dem wir uns jetzt befassen wollen, sind die Kegelschnitte. Sie scheinen tatsächlich im Zusammenhang mit der Würfelverdopplung ins Blickfeld geraten zu sein und insbesondere mit der durch Hippokrates gefundenen äquivalenten Beschreibung durch zwei mittlere Proportionale. Wir haben in Abschnitt 6.5 erläutert, wie die mittleren Proportionalen als Schnittpunkt von Kegelschnitten bestimmt werden können und in diesem Zusammenhang Menaichmos erwähnt.

Menaichmos lebte Mitte des 4. Jahrhunderts v. Chr., er war ein Schüler des Eudoxos, hat sich an dessen astronomischen Studien beteiligt und einige Ergänzungen vorgenommen. Am bekanntesten ist sein Name durch die Arbeiten über Kegelschnitte geworden. Viel ist darüber allerdings nicht bekannt.

Bis in die Zeit von Euklid, der auch eine, allerdings verlorene Schrift über Kegelschnitte verfasst hat, hat man diese Kurven – wie in Abb. 58 dargestellt – in der Weise erzeugt, dass ein Kreiskegel mit einer Ebene geschnitten wurde, die senkrecht auf einer Mantellinie des Kegels (= Gerade auf dem Mantel durch die Spitze) steht. Die verschiedenen Arten der Kurven ergeben sich, wenn der Öffnungswinkel des Kegels variiert: die Ellipse bei einem spitzen Winkel, die Parabel bei einem rechten Winkel, die Hyperbel bei einem stumpfen Winkel.

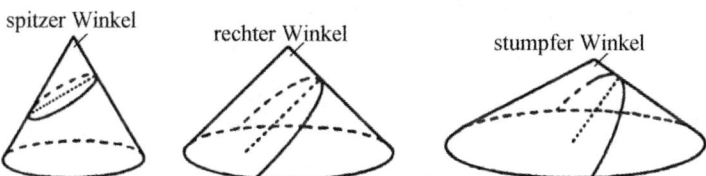

Abb. 58: Definition der Kegelschnitte vor Apollonius. Links: Ellipse, Mitte: Parabel, rechts: Hyperbel.

Wegen ihrer Definition und Konstruktion im Raum haben die Griechen die Kegelschnitte als „räumliche" Kurven bezeichnet, was im ersten Moment irritiert, da wir es gewohnt sind, die Kurven als ebene Kurven, als Kurven in der Ebene anzusehen.

Eine auf den ersten Blick nebensächliche Neuerung, die aber weitreichende Folgen haben sollte, führte Apollonius ein.

Apollonius war neben Archimedes der bedeutendste, aber auch der letzte Mathematiker von Rang im alten Griechenland. Über sein Leben ist wenig bekannt. Wahrscheinlich wurde er in Perge an der Südküste der heutigen Türkei geboren und lebte um 262–190 v. Chr. Seine Ausbildung erfuhr er in Alexandria, und war hier wohl auch als Lehrer tätig. Er hielt sich in Pergamon auf, wo es nach Alexandria die größte Universität und Bibliothek gab. Wie Ptolemaios berichtet, hat Apollonius die Planetenbewegung, insbesondere die rückläufige Bewegung, durch die Einführung von Epizykeln (vgl. Abschnitt 5.2) erklärt.

Das einzige erhaltene Werk sind die *Conica*, die Kegelschnittslehre in acht Büchern. Die Bücher I bis IV sind in griechischer Sprache, die Bücher V bis VII in arabischer Übersetzung erhalten; das achte Buch ist verloren, es existiert nur noch eine Rekonstruktion. Mit einer Ausnahme sind weitere Werke nur durch Hinweise anderer Autoren, vor allem des Pappos bekannt. Wir kommen darauf im Abschnitt 7.5 zurück.

Apollonius machte die Entdeckung, dass man die Kegelschnitte auch erhält, indem man von einem Kegel ausgeht und diesen mit Ebenen unter verschiedenen Neigungswinkel schneidet (Abb. 59 links). Während man bis auf Euklid den zugrunde liegenden Kegel als das Ergebnis der Rotation eines rechtwinkligen Dreiecks um eine seiner Katheten definierte (Abb. 59 Mitte), legte Apollonius einen (unendlichen) Doppelkegel zugrunde, der aus zwei sich schneidenden Geraden erzeugt wurde, bei dem eine Gerade um die andere rotiert, wobei der Schnittpunkt festbleibt und ein weiterer Punkt der rotierenden Geraden sich auf einem Kreis bewegt (Abb. 59 rechts).

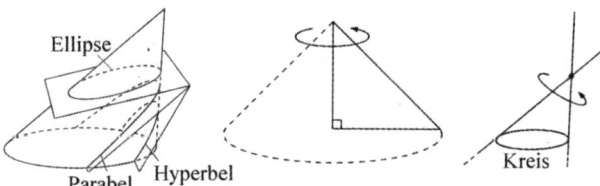

Abb. 59: Erzeugung der Kegelschnitte nach Apollonius (links), eines geraden Kreiskegels (Mitte) und eines Doppelkegels (rechts).

Damit sind zwei wichtige Voraussetzungen für eine einheitliche Herleitung der Eigenschaften dieser Kurven gewonnen. Hinzu kommt, dass man durch den Doppelkegel beide Äste der Hyperbel erhält.

Apollonius nannte zuerst die Kegelschnitte „Parabel", „Ellipse" und „Hyberbel" – Namen, die von den Flächenanlegungen her kommen, die wir in Abschnitt 5.2 unter eben diesem Namen kennengelernt haben.

Apollonius hat diese Flächenanlegungen zur (punktweisen) Konstruktion der Kegelschnitte in der Ebene verwandt ohne Bezug auf einen Kegel zu nehmen.

Dazu ist in Abhängigkeit von zwei Parametern, dem *latus rectum p* und dem *latus transversum a* (vgl. Abb. 60) zu gegebener Fläche $F = y^2$ ein inhaltsgleiches Rechteck an *p* so anzulegen, dass im Fall der Ellipse ein Rechteck fehlt (*elleipsis* = Mangel), welches zum Rechteck mit den Seiten *p* und *a* ähnlich ist, während im Fall der Hyperbel ein solches Rechteck überschießt (*hyperbole* = Überschuss). Die Parabel ist charakterisiert durch einfache Anlegung eines zu $F = y^2$ inhaltsgleiches Rechtecks an die Strecke *p* (*parabole* = Nebeneinanderstellung).

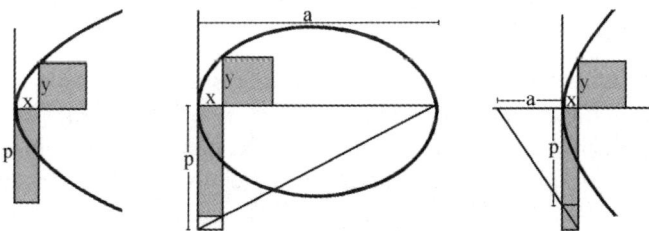

Abb. 60: Kegelschnitte und Flächenanlegung. Links: Parabel $y^2 = px$, Mitte: Ellipse

$$y^2 = px - \frac{p}{a}x^2 \text{, rechts: Hyperbel } y^2 = px + \frac{p}{a}x^2 \text{.}$$

Apollonius hatte selbstverständlich keine Koordinatengeometrie zur Verfügung, sondern drückte alles durch Proportionen aus. Dem heutigen Leser macht es keine Mühe, die Proportionen in Gleichungen umzuformen, wie sie heute gebräuchlich sind; das führt ohne weiteres zu den Scheitelgleichungen der Kurven, wie sie in Abb. 60 angegeben sind.

Zum Inhalt der *Conica*: In der Einleitung zum ersten Buch, verfasst als Brief an Eudemos, bezeichnet Apollonius selbst die ersten vier Bücher als „eine elementare Einführung". Genannt seien in Buch I: Erzeugung der Kegelschnitte durch Schnitt eines (nicht notwendig geraden) Kreiskegels mit einer Ebene, Untersuchung über Tangenten; Buch II: Achsen und Durchmesser, Asymptoten der Hyperbel; Buch III: Transversalen, Pol und Polare, Brennpunkte von Ellipse und Hyperbel, Satz über Konstanz der Summe bzw. der Differenz der Brennstrahlen, projektive Erzeugung der Kegelschnitte; Buch IV: Anzahl der möglichen gemeinsamen Punkte von Kegelschnitten mit Kreisen oder mit anderen Kegelschnitten.

Weiter schreibt Apollonius in der genannten Einleitung, dass die restlichen Bücher Ergänzungen enthalten. Diese „Ergänzungen" in den Büchern V bis VIII bilden die eigentlichen genialen Erkenntnisse des Autors. Es sind dies unter anderem in Buch V: Bestimmung der kürzesten bzw. längsten Verbindungslinie von einem Punkt außerhalb des Kegelschnittes zum Kegelschnitt; Evoluten und Krümmungsmittelpunkt; Buch VI: „Gleiche" und „ähnliche" Kegelschnitte; Buch VII: Spezielle Eigenschaften von konjugierten Durchmessern; Buch VIII (verschollen): wahrscheinlich spezielle Konstruktionsaufgaben.

Apollonius schließt seinen Brief an Eudemos:

„Wenn sie alle [Buch I–VIII] herausgegeben sind, steht es allen frei, sie zu lesen und sich ihr eigenes Urteil darüber zu bilden, je nach ihrem eigenen Geschmack."

Es war nicht immer leicht, an dem Stil des Werkes „Geschmack zu finden", wenngleich alle späteren Mathematiker es für die strengen Herleitungen und die scharfe Argumentation bewundert haben. Ohne mündliche Unterweisung und Anleitung durch einen Lehrer dürfte es, mehr als bei den „Elementen" Euklids, einem Studenten kaum möglich gewesen sein, sich den Inhalt von Anfang an, und seien es auch nur die ersten vier „elementaren" Bücher, verständnisvoll anzueignen.

7.3 Archimedes und die Rolle der Heuristik in der Mathematik

Zu den bedeutendsten Wissenschaftlern der griechischen Antike gehört Archimedes, und mit seiner ungemein breiten mathematisch-naturwissenschaftlich-technischen Begabung und Bildung ist er im Hellenismus zweifellos der bedeutendste. Er wurde um 287 v. Chr. in Syrakus geboren, wo er sich auch die längste Zeit seines Lebens aufhielt. Wahrscheinlich hatte er verwandtschaftliche Beziehungen zum dortigen König Hieron II.

Zeitweilig hat er sich wohl in Alexandria aufgehalten, was nicht ganz sicher ist, aber es ist kaum vorstellbar, dass er sein umfangreiches Wissen anderswo hätte erwerben können.

Nach Plutarch (ca. 46–120 n. Chr.) hat Archimedes den Syrakusern unschätzbare Dienste erwiesen, als die Römer die Stadt von See her belagerten. In dieser bedrückenden Lage

„...herrschte bei den Syrakusern Schrecken und angstvolles Schweigen, weil sie glaubten, dass nichts einer solchen Macht und Gewalt widerstehen werde. Als aber jetzt Archimedes seine Maschinen spielen ließ, da schlugen den Angreifern auf der Landseite Geschosse verschiedenster Art entgegen, und Steine von gewaltiger Größe, die mit furchtbarem Sausen und unglaublicher Geschwindigkeit niederfuhren, und, weil nichts vor ihrer Wucht zu schützen vermochte, die Getroffenen in dichter Masse niederwarfen und ihre Reihen zerrissen; und zugleich erhoben sich gegen die Schiffe über den Mauern plötzlich Krane, die entweder schwere Lasten von oben auf sie niederfallen ließen und sie so in die Tiefe versenkten, oder sie mit eisernen Händen oder Haken in Form von Kranichschnäbeln am Bug erfassten, und senkrecht, das Heck voran, ins Meer stürzten, oder sie mit starken Trossen, die innen angezogen und aufgerollt waren, gegen die unter den Mauern emporragenden Felsen und Klippen schmetterten, so dass sie unter starken Verlusten für die Besatzung in Stücke gingen. Oft war es ein trauriger Anblick, wenn ein Schiff, hoch aus dem Meer emporgehoben, hin und her baumelte und da hing, bis die Mannschaft heruntergeschüttelt oder weggeschleudert war und es leer gegen die Mauer prallte oder, wenn der Griff des Hakens nachließ, herunterstürzte."

All dies dürfte weitgehend Legende sein; Plutarchs Schrift war eine Biografie des römischen Generals Marcellus, nicht des Archimedes. Bei dem soeben erwähnten Angriff wurden die Römer zwar zurückgeschlagen, bei einem zweiten Versuch 212 waren sie jedoch erfolgreich, und bei dieser Besetzung wurde Archimedes von einem römischen Soldaten erschlagen; über die genauen Umstände gibt es widersprüchliche Nachrichten.

Sein breites Werk können wir hier in keiner Weise angemessen würdigen, aber wenigstens Hinweise – zusätzlich zu denen, die bereits in früheren Abschnitten verstreut sind – auf einige seiner Ergebnisse, und, wichtiger noch, auf die für ihn charakteristische Arbeitsweise geben.

Überliefert sind 9 Schriften, die wir in der wahrscheinlichen Reihenfolge ihrer Entstehung unter den behandelten Themen aufzählen:

1. Über das Gleichgewicht ebener Flächen (Hebelgesetz)
2. Die Quadratur der Parabel
3. Die Methodenlehre
4. Über Kugel und Zylinder
5. Über Spiralen

6. Über Konoide und Sphäroide (Rotationskörper)
7. Über schwimmende Körper
8. Die Kreismessung
9. Der Sandrechner

Insbesondere mit 1. und 7. erwies Archimedes sich als einfallsreicher Physiker, indem er die Grundlagen der heute noch gültigen mechanischen und hydrostatischen Gesetze schaffte.

In seiner Auffassung von Mathematik stand er zunächst ganz in der klassischen, insbesondere platonisch-euklidischen Tradition, hat aber weit darüber hinausgehende Ideen entwickelt und Ergebnisse erzielt.

Im Jahre 1906 entdeckte der dänische Philologe J. L. Heiberg in Konstantinopel die Abschrift eines Briefes von Archimedes an Eratosthenes, der die „Methode der mechanisch herleitbaren Sätze", kurz: „Die Methodenlehre" enthält. Danach verfügte Archimedes über ein eigenes fruchtbares Verfahren, das es ihm gestattete, gewisse Theoreme zu finden. Dies ist besonders deshalb von großer Bedeutung, weil, worauf wir schon oft hingewiesen haben, die meisten Beweise jener Zeit Widerspruchsbeweise waren. Zu diesem Zweck braucht man eine Aussage dessen, was bewiesen werden soll, da man die gegenteilige Annahme zum Widerspruch führen muss.

Archimedes schreibt in dem genannten Text an Eratosthenes:

„Da ich dich … als einen hervorragenden Forscher … kennengelernt habe, … habe ich beschlossen, die Eigenart einer bestimmten Methode in diesem Buche auseinanderzusetzen, mit deren Hilfe du imstande sein wirst, gewisse mathematische Betrachtungen mittels der Mechanik anzustellen. Ich bin aber überzeugt, dass die Methode nicht weniger nützlich ist zum Beweis der Theoreme selbst. Denn Einiges von dem, was mir auf mechanische Weise klar wurde, wurde später auf geometrische Art bewiesen, weil die Betrachtungsweise dieser Art der Beweiskraft entbehrt. Denn es ist leichter, den Beweis zustande zu bringen, wenn man schon vorgreifend durch die mechanische Weise einen Begriff von der Sache gewonnen hat, als ohne eine derartige Vorkenntnis."

Wir demonstrieren das an einem Beispiel, das Archimedes besonders geschätzt hat. Abbildung 61 zeigt einen Schnitt durch einen Zylinder mit einbeschriebener Kugel und einbeschriebenem Kegel. Die Behauptung des Archimedes lautet, dass sich die Volumina dieser drei Körper wie 3 : 2 : 1 verhalten. Davon ist die Teilaussage, dass sich Zylinder zu Kegel wie 3 : 1 verhalten, seit langem bekannt, wie Archimedes selbst betonte. Die Aussage, die Kugel betreffend, hat Archimedes mit dem oben angesprochenen heuristischen Verfahren herausgefunden, das wir im Folgenden wegen der prinzipiellen Bedeutung erläutern wollen.

Abb. 61: Zylinder : Kugel : Kegel = 3 : 2 : 1.

Plutarch berichtet, Archimedes habe den Wunsch geäußert, man möge einen Hinweis auf diese seine Entdeckung auf seinem Grabstein anbringen. Das ist auch tatsächlich geschehen, und Cicero hat das Grab auf Grund dessen wiedergefunden. Er schreibt in den „Tusculanischen Gesprächen" [Buch V, 64–66, S. 365 f]

„Als ich Quaestor war, habe ich sein Grab, das die Syrakusaner nicht kannten und behaupteten, es existiere überhaupt nicht, gefunden, dicht umgeben und verhüllt von Büschen und Sträuchern. Ich kannte nämlich einige kleine Jamben, die auf seinem Grabe, wie ich erfahren hatte, geschrieben standen und besagten, dass auf der Spitze des Grabes sich eine Kugel und ein Zylinder befänden. Nachdem ich nun mit den Augen alles gemustert hatte (bei dem Agrigentinischen Tore gibt es nämlich eine ganze Masse von Gräbern), da bemerkte ich eine kleine Säule, die nicht sehr aus dem Gebüsch herausragte. Und da fand sich die Gestalt der Kugel und des Zylinders. ... So hätte denn eine der vornehmsten Städte Griechenlands, einstmals auch eine der gebildetsten, das Grabmal eines ihrer scharfsinnigsten Bürger vergessen, wenn es nicht von einem Manne aus Arpinum wieder entdeckt worden wäre."

Heute weiß man in Sizilien nichts mehr über das Grab des Archimedes.

Die „heuristische Methode" des Archimedes verläuft in unserem Fall folgendermaßen: Abbildung 62 zeigt in der linken Figur einen Schnitt durch einen Zylinder, einen Kegel und eine Kugel. Kegel und Zylinder haben die gleiche Grundfläche mit dem Radius CZ und die gleiche Höhe $AC = CZ$; die Kugel hat den Radius $AK = \frac{1}{2} AC$. Weiter sei $AB = AC$.

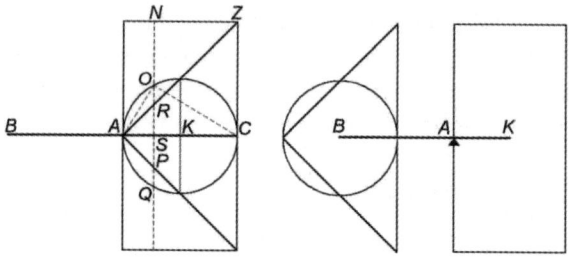

Abb. 62: Zur „mechanischen Methode" des Archimedes.

Es gelten demnach für jeden Punkt S zwischen A und C die Gleichungen:

$$AS = RS \text{ und } AC = SN = AB, \text{ ferner}$$

$$AO^2 = AS^2 + SO^2 = RS^2 + SO^2 , \quad AO^2 = AS \cdot AC = AS \cdot SN ,$$

$$(*) \quad AB \cdot (RS^2 + SO^2) = AS \cdot SN^2 .$$

Die Gleichung (*) wird nun folgendermaßen „interpretiert": Die Größen RS^2, OS^2, SN^2 sind proportional (mit dem gleichen Proportionalitätsfaktor π) zu den Flächeninhalten der Kreisflächen, die durch die senkrecht zur Zeichenfläche durch SN gehende Ebene aus Kegel, Kugel und Zylinder ausgeschnitten werden. Denkt man sich nun diese Schnittflächen von Kegel und Kugel im Punkt B „aufgehängt", während die Schnittfläche des Zylinders „an ihrem Orte bleibt", so besagt Gleichung (*) auf Grund des (von Archimedes entdeckten) Hebelgesetzes, dass die „Waage" BS mit Auflagepunkt A im Gleichgewicht ist.

Denkt man sich nun diesen Prozess für jedes S zwischen A und C ausgeführt, so hängt schließlich in B die gesamte Masse von Kegel und Kugel (mit gemeinsamem Schwerpunkt B), während sich der Schwerpunkt des Zylinders in K befindet.

Mit $BA = 2\,AK$ können wir dies schreiben in der Form

$$2AK \cdot [\text{Vol(Kegel)} + \text{Vol(Kugel)}] = AK \cdot \text{Vol(Zylinder)}.$$

Es folgt

$$\text{Vol(Kegel)} + \text{Vol(Kugel)} = \tfrac{1}{2}\,\text{Vol(Zylinder)}.$$

Wegen

$$\text{Vol(Kegel)} = 1/3\;\text{Vol(Zylinder)}$$

(s. o.) folgt weiter

$$\text{Vol(Kugel)} = 1/6\;\text{Vol(Zylinder)}.$$

Nun hat der Zylinder, von dem bislang die Rede war, das vierfache Volumen des der Kugel umschriebenen Zylinders (um den es ja eigentlich geht). Insgesamt folgt daraus

Vol(Kugel) = 2/3 Vol(umschriebener Zylinder).

Das ist also die Vermutung, deren Richtigkeit Archimedes mit der Exhaustionsmethode (vgl. Abschnitt 6.6) beweist; wir führen das hier nicht aus.

7.4 Zurück nach Babylon – Diophant und die Algebra

In einer anderen Tradition als alle anderen griechischen Mathematiker stand Diophantos (kurz Diophant) von Alexandria. Über sein Leben ist (fast) nichts bekannt, selbst die Zeit seines Wirkens ist höchst unsicher. Es gibt Hinweise darauf, dass er um 250 n. Chr. in Alexandria lebte.

Das Interesse an Diophant ist in seinem Werk „Arithmetik" begründet. Diophant selbst spricht davon, dass dieses Werk aus dreizehn Büchern besteht, davon sind sechs erhalten und vier weitere in arabischen Abschriften überliefert.

Es ist schwierig, einen Eindruck vom Inhalt dieser Bücher zu vermitteln, weil es sich um eine Art Aufgabensammlung handelt, in der 189 Probleme bearbeitet werden, die kaum systematisch geordnet sind und wenig allgemeine Lösungsstrategien erkennen lassen.

Von besonderem Interesse sind die unverkennbaren – wenngleich nicht wirklich nachweisbaren – engen Beziehungen zur babylonischen Algebra. Das hat zu Spekulationen darüber geführt, ob seine familiären Wurzeln vielleicht im Nahen Osten lagen und nicht in Griechenland. Aber auch im Griechenland der Nachfolger Alexanders des Großen gab es hinreichend Möglichkeiten, an die babylonische mathematische Tradition anzuknüpfen (wenn man nur wollte; die frühen griechischen Orientreisenden hatten andere Interessen).

In Diophants „Arithmetik" geht es überwiegend um die Auflösung von teils bestimmten, teils unbestimmten Gleichungen und Gleichungssystemen. Wir haben in Kapitel 2 gesehen, dass dies ein Feld ist, das in allen frühen Hochkulturen bearbeitet worden ist, und auch die Griechen haben es kultiviert, wenngleich – in krassem Gegensatz zu Diophant – ausschließlich mit den Werkzeugen der Geometrie.

Diophant gilt als der erste Mathematiker, der sich um einen algebraischen Symbolismus bemüht. Zwar sind es nur einige wenige Beispiele, und es handelt sich noch hauptsächlich um Wortabkürzungen (vgl. Abb. 63), aber es ist ein Anfang, und Diophant ist offenbar der erste, der die Bedeutung eines Formalismus für Fortschritte in der Algebra begriffen hat.

Besondere Symbole gibt es in der „Arithmetik" für eine (!) Unbekannte und deren Potenzen, auch dann, wenn sie im Nenner eines Bruches stehen (negative Exponenten), ferner für die Einheit (wir erinnern uns, dass die 1 bei den Griechen keine Zahl war).

$$1 \quad \overset{\circ}{M} \quad = M \acute{o} \nu \alpha \, \varsigma \qquad = \text{Einheit}$$

$$x \quad \varsigma \quad = A \varrho \iota \vartheta \mu \acute{o} \varsigma \qquad = \text{Zahl}$$

$$x^2 \quad \varDelta^Y \quad = \varDelta \acute{v} \nu \alpha \mu \iota \varsigma \qquad = \text{Quadrat}$$

$$x^3 \quad K^Y \quad = K \acute{v} \beta o \varsigma \qquad = \text{Kubus}$$

$$x^4 \quad K^Y K \quad = K v \beta \acute{o} \varkappa v \beta o \varsigma = \text{Kubokubus}$$

Abb. 63: Diophants algebraische Symbole.

Wie steht es mit Operationszeichen? Die Addition wird durch Nebeneinanderschreiben symbolisiert, für die Substraktion gibt es ein Zeichen, das wie ein auf dem Kopf stehendes ψ aussieht. Alles andere, wie Multiplikation, Division, größer, kleiner and manches andere wird nach wie vor durch Worte ausgedrückt.

Die Koeffizienten der Gleichungen sind in der „Arithmetik" immer ganze (positive) Zahlen. Als Lösungen kommen für Diophant nur rationale Zahlen in Frage, und er gibt sich meistens mit einer zufrieden, auch wenn mehrere oder sogar unendlich viele existieren. Im Unterschied zu Babylon und den anderen Kulturen gibt es keine geometrische oder sonstige „Einkleidung" bei den Aufgaben; es geht tatsächlich nur um (positive rationale) Zahlen.

Diophant lehrt, wie man Gleichungen umformt. Dabei lassen sich negative Ausdrücke nicht immer vermeiden. Für Diophant ist das Produkt zweier „verneinter" Größen positiv, das Produkt einer „verneinten" und einer positiven Größe eine „verneinte" Größe. Hier geht es aber nicht wirklich um negative Zahlen als eigenständige Objekte, sondern um Operationen innerhalb von Rechnungen, die am Ende verschwunden sind (vgl. Abschnitt 2.8).

Lineare Gleichungen mit einer Unbekannten haben alle frühen Hochkulturen bearbeitet, in Ägypten unter der Bezeichnung „Hau-Rechnung".

Quadratische Gleichungen mit einer Unbekannten sowie Gleichungssysteme mit zwei Gleichungen und zwei Unbekannten wie $xy^- q$, $x \pm y = b$ waren das Glanzstück der Babylonier und kamen bei den Griechen in geometrischer Fassung vor. Unbestimmte lineare Gleichungen mit mehreren Unbekannten wie $ax + c = by$ haben wir bereits in Indien vorgefunden (vgl. Abschnitt 2.7). All dies hat auch Diophant bearbeitet. Wirklich neu und interessant waren zu Diophants Zeit Aufgaben, die sich in moderner Terminologie sinngemäß zusammenfassen lassen als unbestimmte Gleichungen der Form

$$ax^2 + bx + c = y^2$$

unter gewissen Voraussetzungen an die Koeffizienten a, b, c. Darunter fallen auch viele Probleme, die noch heute zum Kanon der Zahlentheorie gehören, wie beispielsweise Zerlegungen gegebener Zahlen als Summe von Quadraten.

Das älteste bekannte Manuskript der „Arithmetik" stammt aus dem 13. Jahrhundert n. Chr. In der Renaissance begann in der lateinischen Welt das Interesse an der „Arithmetik" zu wachsen. Die erste lateinische Übersetzung wurde von Xylander 1575 in Basel veranstaltet. Im frühen 16. Jahrhundert wurde sie – vor allem durch Fermat – eine der wichtigsten Quellen für die Entwicklung der Zahlentheorie.

Aus der Feder Diophants stammen noch mindestens drei weitere Schriften, die aber alle verloren sind.

Wir haben eingangs gesagt, dass über Diophants Leben (fast) nichts bekannt ist. Dabei haben wir das folgende Epigramm unterdrückt. Einige Bemerkungen dazu folgen im übernächsten Abschnitt.

„Hier dies Grabmal deckt Diophantos – ein Wunder zu schauen!
Durch arithmetische Kunst lehrt sein Alter der Stein.
Knabe zu sein gewährt ein Sechstel des Lebens der Gott ihm,
Als dann ein Zwölftel dahin, ließ er ihm sprossen die Wang';
Noch ein Siebtel, da steckt' er ihm an die Fackel der Hochzeit,
Und fünf Jahre darauf teilt' er ein Söhnlein ihm zu.
Weh! unglückliches Kind! Halb hatt' es das Alter des Vaters
Erst erreicht, da nahm's Hades, der schaurige, auf.
Noch vier Jahre ertrug er den Schmerz, der Wissenschaft lebend,
Und nun sage das Ziel, welches er selber erreicht."

Das ist eine leichte „Hau-Rechnung", die ergibt, dass Diophant 84 Jahre alt wurde, im Alter von 33 Jahren heiratete, und dass er einen Sohn hatte, der mit 42 Jahren starb.

7.5 Das goldene Erbe – Handbücher und Kommentare

Ein wesentliches Merkmal der gesamten alten – griechischen wie vor-griechischen – Mathematik besteht in der rein verbalen Darstellungs-weise, also im Fehlen einer geeigneten symbolischen Schreibweise (vgl. 2.9). Solche Texte verlangen bei zunehmendem Schwierigkeitsgrad des Inhaltes selbst von sachkundigen Lesern eine hohe Konzentration, für Lernende sind sie ohne Erläuterungen eines kompetenten Kommentators oder Lehrers oft kaum zu bewältigen.

Ein Werk wie die „Elemente" des Euklid – um ein prominentes Bei-spiel zu wählen –, das von Anfang an als Lehrbuch, wenn nicht konzipiert, so doch tatsächlich genutzt wurde, macht das an zahlreichen Passagen überdeutlich. Noch drastischer sind in dieser Hinsicht die „Conica" des Apollonius und die meisten mathematischen Schriften des Archimedes.

Dies haben offenbar auch schon antike Gelehrte so empfunden. Be-reits kurz nach dem Erscheinen dieser (und anderer) Werke sahen sich Kommentatoren veranlasst, ihre vermeintlichen oder wirklichen Verbes-serungen in die Lehre einzubringen, Definitionen zu erläutern, knappe Beweise ausführlicher darzustellen und durch Hilfssätze, sogenannte Lemmata, zu ergänzen, Zusammenhänge von Sätzen zu erläutern und anderes mehr. Was wirklich nötig gewesen wäre, nämlich zu einer sach-gerechten Symbolik vorzudringen, ist allerdings keinem von ihnen ge-lungen, offenbar nicht einmal in den Sinn gekommen. Dennoch sind viele der Kommentare eigenständige und bedeutende Leistungen, und unsere heutigen Kenntnisse der klassischen Stücke griechischer Mathe-matik beruhen zum großen Teil auf solchen spätantiken Bearbeitungen.

Noch folgenreicher ist die Tatsache, dass die forschenden Mathema-tiker selbst, und nicht nur ihre Schüler, aufgrund fehlender Symbolik an ihre Grenzen gestoßen sind. Nach Meinung von Mathematikhistorikern haben die Mängel in der Darstellungsweise wesentlich dazu beigetragen, dass nach den Hauptwerken des dritten Jahrhunderts v. Chr. das Niveau der Mathematik rapide sank. In den folgenden Jahrhunderten ging das Wissen zwar nicht vollends verloren, aber es fiel den Wissenschaftlern zunehmend schwer, den Spitzenleistungen vorheriger Generationen zu folgen.

Ein typischer Vertreter dieser Entwicklung und der letzte griechische Mathematiker von Rang war Pappos. Er lebte und wirkte um 300 n. Chr. in Alexandria, also ungefähr 600 Jahre nach Euklid und über 500 Jahre nach Archimedes und Apollonius. Pappos stand damit am Ausgang der

Antike, als die griechische Mathematik vom Verfall gekennzeichnet war. Er hat einige beachtliche Entdeckungen in der Geometrie gemacht. Neben einem Satz über Sechsecke, der noch heute zum Standardrepertoire der projektiven Geometrie gehört, ist das sogenannte „Pappos-Problem" zu einigem Ruhm gelangt, weil Descartes es im frühen 17. Jahrhundert aufgegriffen hat, um die Wirksamkeit seiner neuen Methode der Koordinatengeometrie vorzuführen, mit deren Hilfe er der Öffentlichkeit die erste vollständige Lösung dieses Problems präsentieren konnte. (Für Einzelheiten vgl. [Scholz, S. 218ff.])

Pappos hat ferner Kommentare zum astronomischen Werk des Ptolemaios und zum zehnten Buch – dem schwierigsten – der „Elemente" Euklids verfasst. Für die Mathematikgeschichte ist er besonders wichtig geworden durch ein Sammelwerk in acht Büchern, die *Collectio*. Er behandelt und kommentiert darin einen großen Teil der Geometrie der früheren Jahrhunderte, einschließlich einer Reihe von Werken, von denen wir sonst gar keine Kenntnis hätten, darunter die Arbeiten über Kegelschnitte vor Apollonius.

Zwei Generationen nach Pappos in der zweiten Hälfte des 4. Jahrhunderts n. Chr. lebte der schon mehrfach erwähnte Theon von Alexandria. Eher als Lehrer am Museion (Theon ist hier der letzte bezeugte Lehrer) denn als schöpferischer Mathematiker hat er sich hervorgetan, und als Lehrer ist er – mathematikhistorisch – zu einem nicht unbedeutenden Zeuge geworden. Das beruht in erster Linie auf seiner Bearbeitung der „Elemente" Euklids, die offensichtlich so einflussreich gewesen ist, dass sie alle anderen Ausgaben verdrängt hat – bis auf eine, 1808 gefundene „vortheonische" Version (vgl. Abschnitt 7.1). Theon verfolgte mit seinen Bearbeitungen der „Elemente" sowie anderer Werke von Euklid und Ptolemaios didaktische Zwecke, was darauf hinweist, dass sich das betreffende Originalwerk als Einführung in die Mathematik oder Geometrie als zu schwer erwiesen hat. Ähnliches gilt für seine anderen Kommentare. Als selbstständiger Autor ist er hervorgetreten mit einem Buch über das Astrolab, einem Gerät für astronomische Beobachtungen.

Theons Name lebt auch fort durch das tragische Schicksal seiner Tochter Hypatia (ca. 370–415 n. Chr.). Wie ihr Vater lehrte sie am Museion, vermutlich Mathematik und Philosophie. Auf diesen beiden Gebieten soll sie wissenschaftlich tätig gewesen sein, sie soll Kommentare zu Ptolemaios, Apollonios und Diophant verfasst haben. In ihrer Umgebung war sie vor allem wegen ihrer neuplatonischen Philosophie geachtet. Die Rivalitäten zwischen dieser heidnischen Schule und der christlichen Lehre hat christliche Fanatiker dazu geführt, sie grausam – in einer christlichen Kirche zudem – zu ermorden.

Es wäre sicher verfehlt, für den Verfall der griechischen Mathematik ausschließlich die oben dargelegte Tatsache des Fehlens einer adäquaten symbolischen Terminologie und Darstellung zunehmend komplexer werdender mathematischer Aussagen verantwortlich zu machen. Zweifellos gibt es dafür noch andere Gründe. Die politischen und geistesgeschichtlichen Verhältnisse, die seit dem 2. Jahrhundert v. Chr. durch den Hellenismus und die Unterwerfung unter die römische Herrschaft gekennzeichnet waren, konnten keinen fruchtbaren Humus für wissenschaftliche Arbeit bilden. Man konzentrierte sich mehr – was durchaus von Wichtigkeit war, sowohl für die Zeitgenossen, als auch für die Nachwelt – auf Arbeiten, die der Erhaltung und dem Verständnis der Schriften der großen Vorgänger diente.

In dem enorm ausgeweiteten griechischen Einflussbereich in Folge der Heerzüge und Eroberungen Alexanders des Großen, der sich von Ägypten durch die gesamten Gebiete des Perserreiches bis nach Indien hinzog, wich die griechische Identität zusehends einer kosmopolitischen Einstellung, die es den weitab von ihren angestammten Siedlungsgebieten Lebenden schwer machte, die Verbindungen zu den geistigen Errungenschaften früherer Zeiten aufrechtzuerhalten oder auch daran anzuknüpfen. Zwar waren die griechischen Siedlungsgebiete auch vorher schon im Mittelmeerraum und an den Küsten des Schwarzen Meeres verstreut, jedoch blieben diese Pflanzstädte stets mit den Mutterstädten verbunden. Unter den viel tiefgreifenderen Veränderungen des Hellenismus war es für die Menschen vordringlich, sich in die neuen Gegebenheiten einzufinden; Fragen der praktischen Lebensführung in einer fremden Umwelt traten in den Vordergrund.

Von solchen gesellschaftlichen und geistesgeschichtlichen Einschnitten war auch die Mathematik betroffen. Populäre Themen aus der Praxis fanden mehr Interesse als geistige Höhenflüge. Ein typischer Vertreter einer solchen gewissermaßen „eklektischen" Mathematik war der Alexandriner Heron, dessen Lebenszeit sehr ungewiss ist, aber wohl in der zweiten Hälfte des 1. Jahrhunderts n. Chr. liegt. Er war vielseitig informiert und schrieb über allerlei Fragen der theoretischen, vor allem aber der praktischen Mathematik und beschrieb und konstruierte viele mehr oder weniger nützliche Geräte und Maschinen. Heute ist sein Name gegenwärtig in der „Heronischen Formel", die den Flächeninhalt eines

Dreiecks aus den drei Seiten liefert: $F = \sqrt{s(s-a)(s-b)(s-c)}$, wo a, b, c die Seiten und s der halbe Umfang ist.

7.6 Mathematik zur Erbauung – Die Epigramme des Metrodoros

In seinem Buch über „Die Algebra der Griechen" schreibt Nesselmann, dass Diophants „Arithmetik" im griechischen Raum einmalig und vollkommen isoliert dasteht.

„Es ist bis jetzt kein mathematischer Schriftsteller der Griechen auch nur dem Namen nach bekannt geworden, der die Fortbildung oder Anwendung der Diophantischen Lehre sich hätte angelegen sein lassen. Dagegen hat die Poesie mit ihren Schwingen das Gebiet dieser Wissenschaft mehrmals berührt." [Nesselmann, S. 477]

Die genannten „Schwingen der Poesie", die Nesselmann in obigem Zitat nennt, haben sich in einer Sammlung von griechischen Epigrammen niedergelassen, unter denen sich auch 46 mit mathematischem Inhalt befinden. Sie stammen überwiegend aus der griechischen Spätantike, einige können bis Platon, einige sogar bis ins 5. Jahrhundert v. Chr. zurückverfolgt werden. Das oben zitierte Gedicht über Diophant ist eines davon. Zusammengestellt (nicht verfasst) wurden sie von einem Mann namens Metrodoros, über den nicht mehr bekannt ist, als dass er im 5. oder 6. Jahrhundert n. Ch. gelebt hat. Eine deutsche Übersetzung findet sich in [Wertheim, S. 330–343].

Epigramme finden sich in vielen Kulturen und Epochen. Im Allgemeinen sind Epigramme Sinnsprüche oder kurze Gedichte, die man leicht auswendig lernen kann, um sie beispielsweise in geselliger Runde zur Unterhaltung oder Belustigung vorzutragen. Mit mathematischen Epigrammen verhält es sich nicht ganz so. Die meisten sind Textaufgaben, die wie die ägyptischen Hau-Rechnungen durch eine Gleichung mit einer Unbekannten gelöst werden können. Zu dieser Gattung gehört auch das am Schluss von 7.4 Zitierte über Diophant; in 1.6 haben wir ein Beispiel aus dem alten Indien kennengelernt.

Dass manche mathematischen Epigramme dennoch für Ungeübte nicht leicht zu lösen sind, liegt an verbalen Verschlüsselungen, die nicht immer leicht zu durchschauen sind. Die Metrodorossammlung enthält nur die Endergebnisse ohne Hinweise auf einen Lösungsweg. Eine

Unterteilung der Aufgaben in Gruppen, wie man sie im Papyrus Rhind und den „Neun Büchern" findet, fehlt. Zwei Drittel der 46 Aufgaben sind den „Hau-Rechnungen" zuzuordnen.

Zu den beiden bereits genannten geben wir zwei weitere Beispiele an. Die Leserin oder der Leser mag Gefallen daran finden, die angegebenen Ergebnisse zu verifizieren:

> Nr. 8 „Krösus hat sechs Schalen gewidmet; sie wiegen sechs Minen,
> Eine Drachme dabei wiegt jede folgende mehr."
>
> (Ergebnis: Die leichteste 97 1/2 Drachmen; 1 Mine = 100 Drachmen)
>
> Nr. 28 „Wasser zum Bad ergießend wir drei Eroten hier stehen,
> Sendend dahin die Fluten des schön hingleitenden Grabens.
> Ich hier rechts, ich fülle aus weitgespanneten Flügeln
> Dir das Bad schon in dem sechsten Teile des Tages.
> Jener links aus der Urne in vier der Stunden es anfüllt.
> Der in der Mitt' aus dem Bogen die Hälfte des Tages erfordert.
> Sage, wie kurz ist die Zeit, in der wir alle es füllen,
> Wenn das Wasser entströmt den Flügeln, der Urn' und dem Bogen."
>
> (Ergebnis: 1 1/11 Stunde)

Eine Reihe dieser und ähnlicher Aufgaben haben Einzug in Aufgabensammlungen gefunden, die über das Mittelalter hinaus bis in die Neuzeit hinein ihren Platz zur Erbauung und unterhaltsamen Belehrung behaupten konnten. Die bekannteste mittelalterliche Sammlung sind die *Propositiones ad acuendos juvenes,* auf Deutsch etwa: „Aufgaben zur Verstandesschärfung der Jugendlichen", die im Umfeld des Hofes Karls des Großen in Aachen entstanden ist.

Literaturverzeichnis

Apollonios von Perge: Conica, deutsch von A. Czwalina. München/Berlin 1926
Aryabhata: The Aryabhatiya of Aryabhata, An Ancient Indian Work on Mathematics and Astronomy, transl. and with Notes by W. E. Clark, Chicago 1930
Aristoteles: Metaphysik, übers. von H. Bonitz, Reinbek, Neuausg. 1994
—: Physik, griech.-dt., übers. u. mit Einl. u. Anm. hrsg. von H. G. Zekl, Hamburg 1987
—: Von der Seele, eingel. u. neu übertr. von O. Gigon, Zürich 1950
Becker, O.: Das mathematische Denken der Antike, Göttingen 1957
Capelle, W.: Die Vorsokratiker, Die Fragmente und Quellenberichte übersetzt und eingeleitet von Wilhelm Capelle, Stuttgart 1968
Cicero, M. T.: Gespräche in Tusculum, Lateinisch-deutsch herausgeg. von Olof Gigon, München, 3. Aufl. 1976
Chiu Chang Suan Shu, Neun Bücher arithmetischer Technik, übers. und erläutert von Kurt Vogel, Ostwalds Klassiker der exakten Wiss., Neue Folge, Bd. 4, Braunschweig 1968
Diophantus: s. Wertheim
Euklid: Die Elemente, hrsg. und ins Deutsche übersetzt von Clemens Thaer, Darmstadt, 2. Aufl. 1962
Falkenstein, A.: Die babylonische Schule, Saeculum IV, 1953, S. 125–137
Folkerts, M.: Die älteste lateinische Schrift über das indische Rechnen nach al-Hwarizmi, Sitzungsber. der Bayer. Akad. d. Wiss., Phil.-Hist. Klasse, Abh., Neue Folge, Heft 113, München 1997
— und Gericke, H.: Die Alkuin zugeschriebenen Propositiones ad acuendos iuvenes (Aufgaben zur Schärfung des Geistes der Jugend), Text, Übers. und Erläuterungen, in: Butzer, P. L. et al. (Hrsg): Karl der Große und sein Nachwirken, 1200 Jahre Kultur und Wissenschaft in Europa, Bd. 2 Mathematisches Wissen, Turnhout 1998, S. 283–362
Gericke, H.: Mathematik in Antike und Orient und Mathematik im Abendland, Berlin/Heidelberg 1984 und 1990, Sonderausgabe in einem Band, Wiesbaden, 6. Aufl. 2003
Herodot: Geschichten und Geschichte, Buch 1–4, übers. von W. Marg, Zürich und München 1973
Hirschberger, J.: Geschichte der Philosophie, Bd. 1 Altertum und Mittelalter, Freiburg 1948

Iamblichos, Pythagoras, Legende, Lehre Lebensgestaltung, griechisch und deutsch, hrsg., übers. und eingel. von M. von Albrecht, Zürich/Stuttgart1963

Ifrah, G.: Universalgeschichte der Zahlen, aus dem Französischen von A. v. Platen, Sonderausgabe 2. Aufl. Frankfurt/New York 1991

Imhausen, A.: Rechnungen aus dem Niltal, Probleme ägyptischer Mathematik am Beispiel des Papyrus Moskau, Universität Mainz 1996

Jaspers, K.: Die großen Philosophen, Bd. 1, München/Zürich, Neuausgabe der 5. Aufl. 1988

Juschkewitsch, A. P.: Mathematik im Mittelalter, Leipzig 1964

Katz, V. J.: History of Mathematics, New York 1993

Kintzinger, M.: Wissen wird Macht, Bildung im Mittelalter, Lizenzausgabe Darmstadt 2003

Kranz, W.: Die griechische Philosophie, Bremen, 5. Aufl. 1961

Martzloff, J.-C.: A History of Chinese Mathematics, Übers. aus dem Französischen von S. S. Wilson, Berlin-Heidelberg 1997

Menninger, K.: Zahlwort und Ziffer, 3. Aufl. Göttingen 1979

Nesselmann, G. H. F.: Die Algebra der Griechen, Berlin 1842, Unveränderter Nachdruck Frankfurt 1969

Neugebauer, O.: Vorlesungen über Geschichte der antiken mathematischen Wissenschaften, Bd. I: Vorgriechische Mathematik, 2. Aufl. Berlin-Heidelberg-New York 1969

—: The Exact Sciences in Antiquity, Providence, R.I. 1957

—: Mathematische Keilschrifttexte I–III, Quellen und Studien zur Geschichte der Mathematik, Astronomie und Physik, Serie A, Berlin-Heidelberg-New York 1935 bis 1937

—: Astronomical Cuneiform Texts, 2. Aufl. New York 1983

Nikomachus of Gerasa: Introduction to Arithmetic, transl. by M. L. d'Ooge with Studies in Greek Arithmetic by F. E. Robbins and L. C. Karpinski, New York 1926

Peet, T. E.: The Rhind Mathematical Papyrus, British Museum 10057 and 10058, Introduction, Transcription, Translation and Commentary, London 1923, Reprint Nendeln/Liechtenstein 1970

Pichot, A.: Die Geburt der Wissenschaft, Von den Babyloniern zu den frühen Griechen, aus dem Französischen von S. Summerer und G. Kurz, Sonderausgabe Köln 2000

Platon: Menon in: Platon – Sämtliche Dialoge, Bd. II, hrsg. von O. Apelt, Hamburg 1993

—: Der Staat, Ebd. Bd. V,

—: Timaios, Ebd. Bd. VI,

Proclus Diadochus: Euklid-Kommentar, hrsg. von M. Steck, Akad. der Naturforscher, Halle (Saale) 1945

Scholz, E. (Hrsg.): Geschichte der Algebra, Eine Einführung, Mannheim, Wien, Zürich 1990

Scriba, C. J., Schreiber, P.: 5000 Jahre Geometrie, Berlin u. a. 2002

Theon von Smyrna: Mathematics useful for understanding Plato, ed. and annotated by Christos Toulis et al., San Diego 1979

Tropfke, J.: Geschichte der Elementarmathematik, Bd.1 Arithmetik und Algebra, 4. Aufl., vollst. neu bearb. von K. Vogel u.a., Basel 1980

Vogel, K.: Vorgriechische Mathematik, Teil I: Vorgeschichte und Ägypten, Teil II: Die Mathematik der Babylonier, Hannover und Paderborn 1958, 1959

Waerden, B. L. van der: Erwachende Wissenschaft, Basel-Stuttgart 1966

—: On Pre-Babylonian Mathematics I, II, Archiv of the History of Exact Sciences Vol. 23, 1980, 1–25 und 26–46

Wertheim, G.: Die Arithmetik und die Schrift über Polygonalzahlen des Diophantus von Alexandria, übers. und mit Anm. begleitet von G. Wertheim, Leipzig 1890

Die Bezeichnungen der mesopotamischen Tontafeln haben folgende Bedeutung:

BM: Britisches Museum London

VAT: Vorderasiatische Abt., Tontafeln, Staatl. Museen Berlin

Personen- und Sachverzeichnis